高职高专计算机实用规划教材——案例驱动与项目实践

网络操作系统与应用
(Windows Server 2003)

邱 冬 闫韶松 主 编

王 黎 刘学工 袁 礼 副主编

清华大学出版社

北 京

内 容 简 介

本书以 Windows Server 2003 网络操作系统在企业网络管理中的应用为主线,由企业一线网络管理工程师参与,以网络管理工作实际、兼顾高职学生学习特点及能力,以及网络操作系统在网络管理中的主流应用等作为创作依据,共同完成了本书的编写。本书力图达到使学生真切了解操作系统在网络管理中的作用;能够独立掌握完成网络的基本构建方法、胜任相关网络服务的配置与管理以及维护工作。

本书内容包括:操作系统的功能特点、系统的安装、系统环境设置、DHCP 服务、IIS 服务、DNS 服务、AD 和域等的安装、配置与管理;最后是企业网管介绍的网络管理中三个有关系统维护的主要工作。

本书内容精练、通俗易懂,具有很强的实用性、可操作性和指导性。每章开始都是基于情境的案例导入,然后展开知识的介绍,章后都设有实训实践内容,以完成学生能力的训练。

本书可作为高职高专计算机专业的教材,也可作为网络管理工程技术人员的参考用书。

图书在版编目(CIP)数据

网络操作系统与应用(Windows Server 2003)/邱冬,闫韶松主编;王黎,刘学工,袁礼副主编.--北京:清华大学出版社,2011.2

(高职高专计算机实用规划教材——案例驱动与项目实践)

ISBN 978-7-302-24637-4

Ⅰ. 网… Ⅱ. ①邱… ②闫… ③王… ④刘… ⑤袁… Ⅲ. ①计算机网络—操作系统(软件),Windows Server 2003—高等学校:技术学校—教材 Ⅳ. ①TP316.8

中国版本图书馆 CIP 数据核字(2010)第 254495 号

责任编辑:黄 飞
装帧设计:杨玉兰
责任校对:李玉萍
责任印制:王秀菊

出版发行:	清华大学出版社		地 址:	北京清华大学学研大厦 A 座
	http://www.tup.com.cn		邮 编:	100084
	社 总 机:	010-62770175	邮 购:	010-62786544
	投稿与读者服务:	010-62776969,c-service@tup.tsinghua.edu.cn		
	质 量 反 馈:	010-62772015,zhiliang@tup.tsinghua.edu.cn		

印 刷 者:北京市清华园胶印厂
装 订 者:三河市李旗庄少明装订厂
经 销:全国新华书店
开 本:185×260 印 张:17 字 数:410 千字
版 次:2011 年 2 月第 1 版 印 次:2011 年 2 月第 1 次印刷
印 数:1~4000
定 价:28.00 元

产品编号:033723-01

前　言

信息时代，计算机网络已经应用到社会生活的各个领域。网络操作系统是构建计算机网络的软件核心和基础，只有深入掌握一种网络操作系统，既懂一部分理论知识，又能够胜任服务器的配置、日常管理和维护，及满足实际工作的需要，才是职业院校学生就业的法宝。虽然目前市面上已经有很多操作系统教材，但我们仍坚持想写这样一本教材，用我们的经验积累将操作系统的内容重点整理出来，力求比较浅显、比较实用地教给读者，使读者通过学习，掌握基本的管理手段和方法。

微软的 Windows Server 2003 操作系统是目前广泛应用于各企事业单位的计算机网络操作系统之一。因此本教材选择了该系统作为主讲内容。

本书定位于高等职业院校职业教育需求，以操作系统在企业网络管理中的应用为主线，以网络管理工程师的实际任务为依据，选择并展示了网络操作系统在网络管理中的主流应用。通过学习，读者能够了解操作系统在网络管理中的作用；能够独立完成网络的基本构建方法；胜任相关网络服务的配置与管理，以及网络的维护工作。本书主要内容为：第 1 章是基础知识准备部分，介绍操作系统的基本概念、类型和功能，通过简单网络管理案例的描述，使读者第一时间了解操作系统在网络管理中的重要作用；第 2 章 Windows Server 2003 网络操作系统的特点、新增功能及其 Windows Server 2003 的安装；第 3～6 章是基本技能准备部分，内容包括系统环境设置、本地用户及组的创建和管理、磁盘管理、管理文件系统、管理打印服务等；第 7～13 章是管理技能实战部分，包括 DHCP 服务、IIS 服务、DNS 服务、AD 和域的安装、配置与管理等；第 14 章是网管心得，介绍来自市场资深的网络工程师在实际工作中积累的丰富经验，及网络管理中常用的系统管理策略及其系统维护方法。

本书内容精练、通俗易懂，具有很强的指导性、实用性和可操作性，使读者快速吸收理论知识，掌握部分实际的、主流的操作技能，基本胜任相关行业的用人要求。

本书的作者都是长期从事计算机应用专业及网络专业的一线教师和一线网管，由邱冬和闫韶松担任主编，王黎、刘学工和袁礼担任副主编，参编的教师有刘建国、仇新玲等。其中第 1 章由邱冬编写，第 2、7 章由仇新玲编写，第 3、9、10 章由王黎编写，第 4、8、13 章由袁礼编写，第 5、6 章由刘建国编写，第 11、12 章由刘学工编写，第 14 章由闫韶松编写。全书由邱冬负责统稿，刘学工、王黎、袁礼也在教材的设计过程及统稿阶段提出了很多建设性意见。本书在编写过程中参考了大量的文献资料和微软公司官方网站资料，在此表示衷心感谢！

本教材可作为高职高专计算机专业的教材，也可作为从事网络管理相关工程技术人员的参考用书。

由于时间仓促及编者水平有限，书中难免存在错误和不当之处，敬请光大读者批评指正。编者联系方式：qiudong@biem.edu.cn。

编　者

目　录

第 1 章 操作系统概述

教学提示

什么是操作系统？它完成了哪些功能？为了完成这些功能都采用了什么技术和服务？在目前市场流行的众多操作系统中，应如何根据不同的管理需求和网络规模去选择适用的操作系统呢？

本书选择了目前在大、中、小型企业网络管理中普遍应用的网络操作系统 Windows Server 2003，它是高性能、高稳定性、高安全性、高效率、易用性的解决方案。本书所选内容从基础知识出发，重点面向应用，目的是使读者通过学习，能够对 Windows Server 2003 网络操作系统"会安装、会操作、会配置、会管理"，成为合格的应用型人才。

教学目标

本章主要从操作系统应用者的角度介绍网络操作系统的基本概念与管理任务；介绍当今市场主流网络操作系统及其特点；以及不同的应用场合选择不同的网络操作系统的依据。本书还将从管理员的管理实践中选择一些典型的管理实例，使读者感受到操作系统在管理应用中的重要作用和地位。

1.1 网络操作系统简介

网络操作系统究竟在计算机网络中扮演着什么样的角色？不同的用户大概会有不同的回答。一般利用计算机进行学习、工作、生活娱乐的用户，他们通常是利用计算机写报告、做报表、上网冲浪、听音乐、玩游戏，这些都能够感觉到一些应用程序的存在。比如 Office 办公系统软件、Internet Explorer 浏览器、聊天程序、媒体播放程序、游戏程序等。而对于操作系统的了解，大概就只有打开计算机时所看到的窗口界面和相关的一些基本操作，不会接触到操作系统深层次的对系统的管理作用，也就是说这些用户是应用层面的用户。而操作系统是在上述各种应用程序之底层必备的、需要先行安装的系统程序，它是计算机能够为我们提供服务的最基础的系统软件。

企事业单位网络的系统管理员们会说，操作系统不仅仅是进行计算机应用及网络应用的基础，还是维护、管理计算机网络系统正常工作必不可少的工具，是使网络系统软硬件资源能够共享并为用户提供各种服务的保障。因此，系统管理员是更深一层次的，进行系统维护和管理层面的用户。

那么究竟操作系统(OS，Operating System)是什么呢？操作系统不是与大家直接相关的应用软件，是介于我们看得到的计算机系统、网络设备等一切硬件设备与我们感受得到的那些应用程序之间不可缺少的部分，正是因为有了操作系统的存在，才使得我们能够感受得到的那些应用程序能够在我们看得到的计算机硬件和网络系统中被执行。因此我们说操作系统是一切软件运行的基础。它在整个计算机系统中具有承上启下的地位,如图1-1所示。

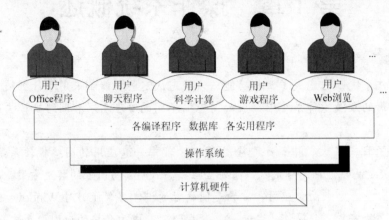

各编译程序　数据库　各实用程序

操作系统

计算机硬件

图1-1　操作系统的地位

从用户角度看,操作系统是对计算机硬件的扩充;从人机交互方式来看,操作系统就是用户与计算机的接口;而从计算机的系统结构上看,操作系统又是一种层次、模块结构的程序集合。从操作系统的设计方面还能体现出计算机技术和管理技术的结合,具体体现在它是负责对计算机硬件直接控制及管理的系统软件。

网络操作系统(NOS,Network Operating System)是网络的心脏和灵魂,它能够控制计算机在网络中传送信息和共享资源;是向网络计算机提供网络通信和网络资源共享功能的系统软件。网络操作系统除具有上述操作系统的五项常规功能(处理器管理、作业管理、存储器管理、设备管理和文件管理)外,还负责管理整个网络资源和网络服务,是使网络上各计算机能方便、有效地共享网络资源,提供各种管理和服务的软件及相关规程的集合。它是最重要的网络软件,是其他网络软件的基础。

计算机单机操作系统承担着一个计算机中的任务调度及资源管理与分配,而网络操作系统则承担着整个网络范围内的任务管理以及资源的管理与分配。相对单机而言,网络操作系统的内容要复杂得多,它必须帮助用户越过各主机的界面,对网络中的资源进行有效的利用和开发,对网络中的设备进行存取访问,并支持各用户间的通信,所以它提供的是更高一级的服务。除此之外,它还必须兼顾网络协议,为协议的实现创造条件和提供支持。

操作系统与网络操作系统是性质有别的操作系统,所提供的服务类型也有差别。各自适用于不同的场合。一般的,当计算机中安装了操作系统,如Windows 2000 Professional、Windows XP等,则该计算机在网络中是工作站角色;而当计算机安装的是NOS,并配置了相关的服务,如Windows Server系列、NetWare、UNIX和Linux等,则该计算机在网络中的角色是服务器(当然也可以仍然是一台工作站),要向其他工作站提供相关的服务,被称之为服务器。正是由于网络操作系统通常是运行在服务器上的,所以也被称之为"服务器操作系统"。网络操作系统是以使网络相关特性达到最佳为目的,例如共享数据文件、软件应用,共享磁盘、打印机、调制解调器、扫描仪和传真机等。

1.2　网络操作系统的功能及特性

1.2.1　网络操作系统的功能

操作系统在计算机系统中起着重要的作用。它作为用户接口和服务提供者，为用户提供尽可能方便、易用的运行环境和最佳服务，用户通过操作系统使用计算机系统；它还是资源的管理者和控制者，管理、控制与调度计算机系统的软硬件资源，提高系统效率和资源利用率。

网络操作系统的功能一般可归纳为以下几点。

(1) 控制、调度和管理网络的共享资源。

(2) 合理地管理和控制服务器、客户机的操作。

(3) 为用户提供高效、可靠的网络通信能力。

(4) 为用户提供方便的工作环境和网络服务。

从资源管理的观点出发，网络操作系统的功能可归纳为处理器管理、存储管理、设备管理、文件管理、网络与通信管理、用户接口管理。

1．处理器管理

中央处理器是计算机系统中最重要、最宝贵、竞争最激烈的硬件资源，是所有数据加工及程序执行的场所。如何协调各个程序之间的运行关系，如何及时反映不同用户对各个资源的应用请求，以使众多的用户可以公平地得到计算机的资源等，都是处理器管理作用的范畴。多处理器系统的出现，增强了系统的功能，但也加大了管理的复杂性。

为了最大限度地提高 CPU 的利用率，操作系统采用了多道程序设计技术，当多道程序并发运行时，引入了进程的概念。所谓"进程"，通俗地说就是程序的一次执行过程。一个进程包括一个程序模块和该模块一次执行时所处理的数据。通过进程管理，协调 CPU 分配调度、冲突处理及资源回收等多道程序之间的关系，组织多个作业同时执行，解决处理器的调度、分配和回收等问题。

例如，我们常常会一边使用聊天程序，一边通过媒体播放程序欣赏美妙的音乐，同时手中还在用 Word 程序赶写一份报告。在多个不同的应用并发地申请 CPU 资源的时候，虽然一个 CPU 同一时刻只能服务于一个进程，而我们却感觉到各个程序都在同时进行着。这就是进程管理面对众多应用发生冲突时在一个 CPU 或者是多个 CPU 间指挥、控制、分配着 CPU，使其同时服务于不同进程的结果。因此，进程管理实质上是对处理器执行"时间"的管理。计算机网络环境中更是以众多的用户同时访问一个服务器为常态。服务器硬件结构上虽有多个 CPU，也同样存在 CPU 的分配与进程间的协调问题。多处理器系统的出现，增强了系统的功能，但也加大了管理的复杂性。

2．存储管理

存储管理的实质是管理内存资源，为多道程序运行提供有力的支撑，提高存储空间的利用率。因为只有被装入主存储器的程序才有可能去竞争中央处理器。所以，有效地利用主存储器才能保证多道程序设计技术的实现，才能保证中央处理机的使用效率。

存储管理是根据用户程序的要求为用户分配主存储区域。当多个程序共享有限的内存资源时，操作系统就按某种分配原则，为每个程序分配内存空间，使各用户的程序和数据彼此隔离，互不干扰及破坏；当某个用户程序工作结束时，要及时收回它所占的主存区域，以便再装入其他程序。另外，操作系统还利用虚拟内存技术，把内、外存结合起来，共同管理。

3．设备管理

操作系统对设备的管理主要体现在两个方面：一方面它提供了用户和外设的接口。用户只需通过键盘命令或程序向操作系统提出申请，则操作系统中设备管理程序实现外部设备的分配、启动、回收和故障处理；另一方面，为了提高设备的效率和利用率，操作系统还采取了缓冲技术和虚拟设备技术，尽可能使外设与处理器并行工作，以解决快速 CPU 与慢速外设的矛盾。

4．文件管理

文件管理又称为信息管理。文件管理是对逻辑上有完整意义的信息资源(程序和数据)以文件的形式存放在外存储器(磁盘、磁带)上的数据进行管理。

文件管理是操作系统对计算机系统中软件资源的管理，通常由操作系统中的文件系统来完成这一功能。文件系统由文件、管理文件的软件和相应的数据结构组成。

文件管理有效地支持文件的存储、检索和修改等操作，解决文件的共享、保密和保护问题，并提供方便的用户界面，使用户能实现按名存取，这一方面，使得用户不必考虑文件如何保存以及存放的位置，但另一方面也要求用户按照操作系统规定的步骤使用文件。

5．网络与通信管理

计算机网络是计算机技术与通信技术结合的产物。由于网络中有成千上万台计算机联网工作，这就要求网络操作系统必须具有网络资源管理功能、数据通信管理功能、网络管理功能；实现网络中资源的共享，管理用户对资源的访问，保证信息资源的安全性和完整性；按照通信协议的规定，完成网络上计算机之间的信息传送；完成网络故障管理、安全管理、性能管理、日志管理、配置管理等。

6．用户接口管理

所谓用户接口，是指为了使用户能够灵活、方便地使用计算机硬件和系统所提供的服务，操作系统向用户提供的一组使用其功能的手段。用户接口管理包括程序接口管理和操作接口管理。用户通过这些接口方便地调用操作系统的功能，有效地组织作业和处理流程，使得整个计算机系统高效率地运行。

1.2.2　网络操作系统的特性

网络操作系统要服务于庞大、复杂的网络，因而其功能相对于单用户或多用户操作系

统有强大的管理能力，作为网络用户和计算机网络之间的接口，网络操作系统具有如下特征。

1．硬件独立性

硬件独立性是指网络操作系统支持多平台，也就是说可以在不同的网络硬件上运行，既可以运行在于 x86 的 Intel 系统，也可以运行于 RISC 精简指令集的系统，如 DEC Alpha，MIPS R4000 等。

2．网络特性

网络操作系统管理计算机及网络资源，并提供良好的用户界面。如共性数据文件、软件应用，以及共享硬盘、打印机、扫描仪、传真机和调制解调器等资源。

3．可移植性、可集成性

网络操作系统具有很好的可移植性和可集成性。

4．多用户支持

在多用户环境下，网络操作系统给应用程序及其数据文件提供了标准化的保护。

5．支持多种文件系统

网络操作系统支持多种文件系统，以实现对系统升级的平滑过渡和良好的兼容性。

6．安全性

网络操作系统支持网络安全访问控制，提供了多种级别的保密措施，以保障网络用户对网络数据访问的安全。如：口令保密、文件保密、目录保密、网间连接保密等。

7．容错性

网络操作系统能够提供多级系统容错能力，包括日志式的容错特征列表、可恢复文件系统、磁盘镜像、磁盘扇区备份等。

8．高可靠性

网络操作系统能够保证不间断地工作，提供完整、可靠的网络服务。

总而言之，网络操作系统为网上用户提供了便利的操作和管理平台。

Windows Server 2003 多任务服务器操作系统，是一个可靠、安全、高效、具备网络管理功能的优质服务器操作系统，具有服务器集群支持、可伸缩 SMP(对称多处理)支持、32/64 位处理器支持、公共语言运行库等，并提供 IIS(Internet Information Services)、Web 服务等。本教材就是选择了该网络操作系统作为我们学习的内容。

1.3　常见的网络操作系统

目前应用较为广泛的网络操作系统有：Windows 系列、NetWare、UNIX 和 Linux 等。

计算机操作系统随着计算机的发展而发展，经历了从无到有、从小到大、从简单到复杂、从原始到先进的发展历程。种类也很繁多，有历史短暂的也有经久不衰的，有专用的也有通用的，产品十分丰富。因此，操作系统的分类方法比较多，通常是按照以下方式进行分类。

- 根据用户数目的多少，可分为单用户操作系统和多用户系统操作系统。
- 根据操作系统所依赖的硬件规模，可分为大型机操作系统、中型机操作系统、小型机操作系统和微型机操作系统。
- 根据操作系统提供给用户的工作环境，可分为多道批处理操作系统、分时操作系统、实时操作系统、网络操作系统和分布式操作系统等。
- 如果按照操作系统生产厂家不同品牌划分，目前应用较为广泛的网络操作系统品牌有 Windows 系列、Novell 公司的 NetWare、UNIX 家族和自由软件操作系统 Linux 等。

1.3.1　Windows 系列

用过计算机的人对 Windows 系列操作系统都不会陌生，这一类操作系统是全球最大的软件开发商——Microsoft(微软)公司开发的。微软公司的 Windows 系统不仅在个人操作系统中占有绝对优势，在网络操作系统中也是具有同样重要的位置。

Windows 系列操作系统是一种单用户多任务的操作系统，同一时刻只允许一个用户登录，但允许若干个用户程序并发执行，从而可以有效地改善系统的性能。

微软公司的 Windows 操作系统分为两类，一类是面向普通用户的单机操作系统，如 Windows 95/98、Windows NT Workstation、Windows 2000 Professional 及 Windows XP 等；另一类是高性能工作站、台式机、服务器，以及大型企业网络等多种应用环境的服务器端的网络操作系统，如 Windows NT Server，Windows 2000 Server、Windows Server 2003 等。

从技术发展的角度来说，Windows Server 2003 延续了 Windows NT Server、Windows 2000 Server 的行进路线。相对于以前的 Windows 版本，Windows Server 2003 有了更加突出的表现，如：强化了结构安全性；简化了管理和使用的过程；降低了企业维护系统的成本；加强了系统的稳定性、可利用性与兼容性；为用户提供了更多对资源的访问权限；并易于建立具有可扩展性且易于管理的企业网站等。

1.3.2　NetWare

NetWare 操作系统应该说是网络操作系统的先驱，是局域网操作系统市场的主流，为网络应用及发展作出了巨大的贡献。

NetWare 操作系统是 Novell 公司 1981 年推出的高性能局域网络操作系统。NetWare 最重要的特征是基于基本模块设计思想的开放式系统结构。NetWare 是一个开放的网络服务器平台，可以方便地对其进行扩充。NetWare 系统对不同的工作平台(如 DOS、OS/2、Macintosh 等)、不同的网络协议环境(如 TCP/IP)以及各种工作站操作系统提供了一致的服务。该系统内可以增加自选的扩充服务(如替补备份、数据库、电子邮件以及记帐等)，这些服务可以取

自 NetWare 本身，也可取自第三方开发者。

NetWare 操作系统版本也非常地丰富，比较主流的产品有 NetWare 5 及 NetWare 6，为需要在多厂商产品环境下进行复杂的网络计算的企事业单位提供了高性能的综合平台。

NetWare 操作系统虽然功能强大、完善，但由于产品的用户界面仍采用陈旧的命令菜单模式，导致其市场占有率呈下降趋势，被更加方便易用、用户界面友好的 Windows 2000 Sever/2003 和安全性更高的 Linux 系统分流掉了很多用户。

1.3.3　UNIX

UNIX 操作系统是当代最具代表性的多用户多任务分时系统。

1970 年，美国 AT&T 公司 Bell 实验室的 Ken Thompson 用汇编语言在 PDP-7 计算机上设计了一个小型的操作系统，取名为 UNIX。UNIX 从诞生至今已经有 30 多年的历史。

多用户多任务的含义是，允许多个用户通过各自的终端使用同一台主机，共享主机系统中的各类资源，而每个用户程序又可进一步分为几个可并发执行的任务。

UNIX 操作系统的体系结构和源代码是公开的，有两个基本的版本，系统 V 和 BSD UNIX。早期的 UNIX 结构简单、功能强大，具有多用户多任务、便于移植等特点，到后来发展为具有可移植性好、树状分级结构的文件系统、良好的用户界面、字符流式文件、丰富的核外系统程序、管道文件连通、安全保障并可提供电子邮件和对网络通信的有力支持的成熟的主流操作系统，一直被高端计算机和网络系统广泛应用。

1.3.4　Linux

Linux 于 1991 年由芬兰赫尔辛基大学计算机系学生 Linux Torvals 初创。

Linux 操作系统是一个完整的采用层次结构的操作系统，它不仅包含 Linux 核心，而且还包含了大量的系统工具、开发工具、应用软件及网络工具等。

Linux 是一种新型的网络操作系统，它的最大特点就是源代码开放，可以免费得到许多应用程序。它具有与 UNIX 兼容、高性能和高安全性、便于再开发等优点，是近年来发展速度比较快的、前景非常好的操作系统。目前也有中文版本的 Linux，如 Redhat(红帽子)、红旗 Linux 等，在国内得到了用户充分的肯定。但这类操作系统目前仍主要应用于中、高档服务器中。

Linux 操作系统是具有多任务、多用户、开放性、良好的用户界面、设备独立性、丰富的网络功能、可靠的系统安全、良好的可移植性等优点，已经越来越被人们所重视，正在作为热门的操作系统被广泛应用。

1.4　网络操作系统的选择

操作系统是计算机应用和计算机网络中不可缺少的重要组成部分，必须根据不同应用规模、应用层次等实际需求和现实条件选择其最适合的操作系统。

1.4.1   Windows 系列

在局域网中配置 Windows 系列操作系统是最常见的应用，但由于这类操作系统对服务器的硬件要求较高，且稳定性能不是很高，所以一般只是用在中低档服务器中，高端服务器通常采用 UNIX、Linux 或 Solairs 等非 Windows 操作系统。在局域网中，微软的网络操作系统主要有：Windows NT 4.0 Server、Windows 2000 Server/Advance Server，以及 Windows Server 2003/ Advance Server 等，工作站系统则可以采用任一 Windows 或非 Windows 操作系统，包括个人操作系统，如 Windows 9x/2000 /XP/Vista 等产品。

1.4.2   NetWare 类

NetWare 虽然早已失去了当年雄霸一方的气势，但是仍以对网络硬件的要求较低而受到一些网络建设比较早、设备变化不大的中、小型企业及学校的青睐。它在无盘工作站组建方面、毫无过分需求的大度方面表现出色。因为它兼容 DOS 命令，应用环境与 DOS 相似，经过长时间的发展，具有相当丰富的应用软件支持，技术完善、可靠。目前主流版本是 V5.0、V6.0 等。

NetWare 为需要在多厂商产品环境下进行复杂的网络计算的企事业单位提供了高性能的综合平台。NetWare 服务器对无盘站和游戏的支持较好，还常用于教学网和游戏厅。

1.4.3   UNIX 系统

UNIX 操作系统有支持网络文件系统服务，提供数据等应用，功能强大、稳定性好、可靠性高。用来提供各种 Internet 服务的计算机运行的操作系统占很大比例的是 UNIX 及 UNIX 类操作系统。目前常用的 UNIX 系统版本主要有：AT&T 和 SCO 的 UNIX SVR3.2、SVR4.0、SVR4.2、HP-UX 11.0，SUN 公司的 Solaris8.0 等。

UNIX 系统一般用于大型的网站或大型的企事业局域网中。

1.4.4   Linux 系统

由于 Linux 的最大的特点就是源代码开放，因而其具有安全性能高、便于再开发等优点，最适合那些对网络应用的安全性能要求比较高的场合。

对于每一类操作系统都有适合于其特定计算环境和工作的场合。总的来说，Windows NT/2000 Server /Server 2003，是简单易用的操作系统，适合中小型企业及网站建设。Linux 具有高的安全性和稳定性，一般用做网站的服务器和邮件服务器。Novell 是工业控制、生产企业、证券系统比较理想的操作系统。UNIX 具有非常好的安全性和实时性，广泛应用在金融、银行、军事及大型企业网络上。

1.5　网络管理案例

网络管理员的日常工作非常繁杂，但是其工作的主要任务大致有如下几项：网络基础设施管理、网络操作系统管理、网络应用系统管理、网络用户管理、网络安全保密管理、信息存储与备份管理以及网络机房的日常维护管理等。各项管理涉及了多个不同的领域，而每个领域的管理又有各自特定的任务。

1.5.1　构建企业网络

计算机网络是利用通信线路将地理上分散的、具有独立功能的计算机系统和通信设备按不同的形式连接起来，以功能完善的网络操作系统和通信协议等软件实现资源共享和信息传递的复合系统。可以看出，一个计算机网络系统若离开了网络操作系统是没有任何作用的。

一个企业如果规模不大，可以利用 Windows Server 2003 构建一个工作组结构的网络——对等网，如图 1-2 所示。对等式的网络不需要专用的服务器，可将企业的所有计算机利用网络连接设备和传输介质实现连接，网络中的每一台工作站既能作为服务器为其他工作站提供服务，也能作为工作站接受其他工作站提供的服务，相互间是完全平等、独立的关系。

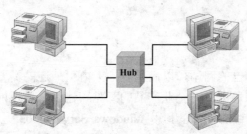

图 1-2　对等网络

企业规模较大时，企业内部的计算机和用户数量大，管理、统计、运算数据量较重，对等的网络结构明显不能满足企业需求。这种需求条件下应该利用 Windows Server 2003 构建一个客户机/服务器结构的网络(如图 1-3 所示)。在服务器安装 Windows Server 2003，配置各项管理服务功能，以完成管理任务和向客户机提供各种服务。

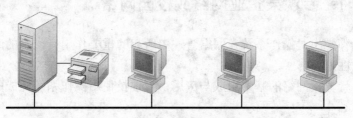

图 1-3　客户机/服务器结构的网络

1.5.2 用户组、用户及域的创建和管理

在企业网络中，使用计算机的每个人都有一个用户帐户，用户使用他们自己的帐户可以按照系统管理员分配给他的权限使用企业网络中指定的资源，完成与其相对应的工作任务。每个企业都有自己的组织结构，结构有简单的和相对复杂的，每个人都会有所属部门，系统管理员在虚拟环境中要实现对现实存在的企业各个部门进行管理，就要在网络中创建与现实世界中相同的结构，才能更好、更方便地实现管理。结构简单的利用用户组用户，就能胜任角色管理，复杂些的则可利用域和域用户构建企业的域结构。

企业中除了用户，还有大量的硬件、软件和数据资源，这些资源也要在网络中被共享和管理。所有这些都可以利用 Windows Server 2003 按照企业的部门、人员的物理存在构建企业网络中的域、组织单位或者用户组、用户等，描述和架构企业网络的结构。

1.5.3 利用各种服务功能实现各项服务及管理

在企业网络中，除了每个人有一个用户帐户外，还可能有为此用户对应提供的一些服务，如企业电子邮件服务、企业办公自动化的登录帐户等。另外，通常用户名还与企业为其提供的电子邮件相对应(如用户名为 wch，企业电子邮件是 wch@heinfo.edu.cn)。

当网络环境中要对用户自动分配 IP 地址时，就会使用 DHCP 服务，完成自动为进入网络的用户分配一个 IP 地址，以大大减少管理人员手工维护的负担。

1.5.4 构建企业门户网站

每个企业现在都有自己的网站，以满足业务上内引外连的需要。如，宣传自己的企业文化，企业产品；了解市场用户对企业产品的意见和建议，通过网络和企业的合作伙伴进行沟通等。为了实现这些目的，可以利用 Windows Server 2003 提供的 Internet 信息服务功能构建企业自己的网站。

1.6 实 践 训 练

1.6.1 任务 1：参观某企业网络或校园网络

任务目标： 使学生对操作系统在网络管理中所起的重要作用有一定的感性认识，激发学生的学习积极性。

包含知识： 计算机网络的基本组成与应用，管理员使用操作系统完成的管理任务及服务内容等。

实施过程： 略。

常见问题解析：建议先讲一部分知识，为所参观内容做一些准备，使学生带着问题去参观，以提高参观的质量与效果。

1.6.2　任务 2：通过组织调研，完成调研报告一份

任务目标：使学生对各类操作系统的应用场合、操作系统功能、所提供的服务等有一个初步的了解。

包含知识：操作系统类别，操作系统功能，市场主流操作系统，管理员利用操作系统完成了哪些服务等。

任务内容：走访生活中方方面面(家庭、学校、网吧、商店、银行等)能够接触到的、联想到的操作系统应用实例 3～5 个。描述其应用的场合，所选操作系统的名称，使用了哪些服务，描述操作系统的性能是否满足应用系统对操作系统的要求，使用效果如何(优点与不足、评价使用适当否、存在问题)等。

实施过程：略。

1.7　习　　题

1. 什么是操作系统？操作系统应具有哪些功能？
2. 常用的网络操作系统有哪些？各操作系统的主要应用场合有哪些？
3. 列举你接触过的计算机及计算机网络应用中所使用的操作系统的名称及其特点。
4. 试举例说明网络操作系统的重要性。

第 2 章　安装 Windows Server 2003

很多初学者认为，安装 Windows Server 2003 操作系统仅仅是一个单击"下一步"按钮的机械过程，其实不然。细心的用户会发现，在安装过程中，Windows Server 2003 操作系统会展示给用户一些非常有价值的信息。如在安装开始时出现的"Microsoft 软件最终用户许可协议"；在图形化安装阶段出现的 Windows Server 2003 操作系统的特点提示。仔细阅读并体会这些信息，将对我们以后的学习有很大帮助。另外，对于系统管理员来说，在安装阶段准确无误地配置好 Windows Server 2003 操作系统的各种服务功能，会对日后的系统维护起到事半功倍的作用。

本章讲述 Windows Server 2003 操作系统主要从以下 3 个方面入手：①Windows Server 2003 的家族成员和每个成员不同的使用需求；②Windows Server 2003 作为新一代的操作系统，有着自己独特的优势，其新增功能有哪些；③Windows Server 2003 操作系统的安装。

2.1　Windows Server 2003 家族

作为网络操作系统或服务器操作系统，高性能、高可靠性和高安全性是其必备要素，尤其是日趋复杂的企业应用和 Internet 应用，对其提出了更高的要求。在微软的企业级操作系统中，Windows Server 2003 凝聚了微软多年来的技术积累。为适应不同用户的需求，Windows Server 2003 推出了 4 个版本：Web 版、标准版、企业版和数据中心版。这些不同的版本各有侧重之处，可以给用户更多的选择和更贴切的支持。

2.1.1　Windows Server 2003 Standard Edition(标准版)

Windows Server 2003 标准版是为小型企业单位和部门使用而设计的，它提供的功能包括：智能文件和打印机共享、安全 Internet 连接、集中式的桌面应用程序部署以及一个易于部署、管理和使用的综合服务器平台。Windows Server 2003 标准版提供了较高的可靠性、可伸缩性和安全性。

Windows Server 2003 标准版具有以下特点。

- Windows Server 2003 标准版支持高级联网功能，如 Internet 验证服务、网桥和 Internet 连接共享，同时它还支持四路对称多处理方式和 4GB 的 RAM。
- Windows Server 2003 标准版包含的新增功能和改进措施使它成为 Microsoft 所创建的最可靠的小型企业和部门服务器操作系统。该系统有助于提高生产效率并允许在职员工、合作伙伴和顾客之间进行更广泛的连接。

- Windows Server 2003 标准版通过增强的系统管理和存储功能，为管理员和用户带来了更高的工作效率。对于 Microsoft 管理控制台(MMC)和活动目录的改进则提高了系统性能，并使得管理更加方便。
- Windows Server 2003 标准版提供的工具使管理员能够最有效地部署、管理和使用服务器，而无须专用的 IT 资源。
- Windows Server 2003 标准版可以配置为域控制器和域成员服务器，无须强大的硬件支持，不支持群集功能。

2.1.2　Windows Server 2003 Enterprise Edition(企业版)

Windows Server 2003 企业版是针对大中型企业而设计，推荐运行某些应用程序的服务器而使用的操作系统，这些应用程序包括：联网、消息传递、顾客服务系统、大型数据库、电子商务以及文件和打印服务器。Windows Server 2003 企业版提供高可靠性和性能以及优异的商业价值。它可在最新硬件上使用，它同时有 32 位版本和 64 位版本，从而保证了最佳的灵活性和可伸缩性。

Windows Server 2003 企业版具有以下特点。

(1) Windows Server 2003 企业版与 Windows Server 2003 标准版的主要差异：具有支持高性能服务器以及将服务器群集在一起以处理更大负载的能力。

(2) Windows Server 2003 企业版提供以下支持：支持 8 路对称多处理器方式(SMP)、8 结点群集；32 位版本支持 32 GB 的 RAM，64 位版本支持 64 GB 的 RAM。

(3) Windows Server 2003 企业版允许通过添加处理器和内存来提高服务器性能和容量。这种提高网络容量的方法称为"扩容"。

(4) Windows Server 2003 企业版包含的新增功能和改进使得该产品成为 Microsoft 为企业设计的更为可靠的服务器操作系统。

2.1.3　Windows Server 2003 Datacenter Edition(数据中心版)

Windows Server 2003 数据中心版是 Windows Server 2003 家族产品中功能最强的版本，具有最高级别的可扩展性、实用性和可靠性。 Windows Server 2003 数据中心版使您可以为数据库、企业资源规划软件、大容量实时事务处理以及服务器合并提供关键的解决方案。数据中心版可在最新硬件上使用，它同时拥有 32 位版本和 64 位版本，从而保证了最佳的灵活性和可扩展性。

Windows Server 2003 数据中心版具有以下特点。

(1) Windows Server 2003 数据中心版与 Windows Server 2003 企业版的主要区别：支持更强大的多处理方式和更大的内存。

(2) Windows Server 2003 数据中心版提供以下支持：64 位版本支持 64 路对称多处理器 (SMP)和 512GB 的 RAM；32 位版本支持 32 路对称多处理器(SMP)和 64 GB 的 RAM；

支持 8 结点集群。

(3) 除了 Windows Server 2003 标准版和 Windows Server 2003 企业版中所包含的大多数功能以外，Windows Server 2003 数据中心版还提供以下附加的功能和能力。

① 扩展了物理内存空间。在 32 位 Intel 平台上，Windows Server 2003 数据中心版支持物理地址扩展(PAE)，可将系统内存容量扩展到 64GB 物理 RAM。在 64 位 Intel 平台上，内存支持增加到体系结构允许的最大值，即 16TB。

② Intel 超级线程支持。Intel 超级线程技术允许单个物理处理器同时执行多个线程(指令流)，从而可以提供更大的吞吐量和改进的性能。

③ 不统一内存访问(NUMA)支持。系统固件可以创建一个名为"静态资源相似性表"的表，该表描述了系统的 NUMA 拓扑。利用这个表，Windows Server 2003 数据中心版将NUMA 识别应用于应用程序进程、默认相似性设置、线程调度和内存管理，从而提高了操作系统的效率。

④ 集群服务。对于关系到整个业务运转的数据库管理、文件共享、Intranet 数据共享、消息传递和常规业务应用程序，可以使用服务器集群提供的高可用性和容错能力。

⑤ 64 位支持。Windows Server 2003 数据中心版将有两大类：32 位版本和 64 位版本。64 位版本将针对内存密集型和计算密集型任务(如机械设计、计算机辅助设计(CAD)、专业图形设计、高端数据库系统和科学应用处理)进行优化。64 位版本支持 Intel Itanium 和Itanium2 两种处理器。

⑥ 多处理器支持。Windows Server 2003 可以从单处理器解决方案一直到 32 位处理器的解决方案自由伸缩。

⑦ Windows Sockets(套接字)。利用该功能，使用传输控制协议/Internet 协议(TCP/IP)的 Windows Sockets 应用程序无须进行修改，即可获得存储区域网络(SAN)的性能优势。

⑧ 终端服务会话目录。

终端服务会话目录是一种负载平衡功能，它使用户可以方便地重新连接到运行终端服务的服务器上已断开的会话。会话目录与 Windows Server 2003 负载平衡服务兼容，并受第三方外部负载平衡器产品的支持。

总之，Windows Server 2003 数据中心版与 Windows 2000 Server 数据中心服务器相比，在可靠性、可伸缩性和易管理性方面有了显著改进，并且能够支持企业数据中心至关重要的工作负荷。并且，Windows Server 2003 Datacenter 版与 Windows Server 2003 系列其他版本的主要区别是，它有一个由 OEM、独立硬件分销商和独立软件分销商(ISV)组成的强大联盟。这些公司积极地与 Windows Server 2003 数据中心版的客户建立关系，并承诺对系统提供终身服务，从而使 Windows Server 2003 数据中心版从现在所有其他的平台解决方案中脱颖而出。

2.1.4 Windows Server 2003 Web Edition(Web 版)

Windows Server 2003 Web 版是 Windows 操作系统系列中的新产品，是专门为 Web 服务器而设计的，它提供了 Windows 服务器操作系统的下一代 Web 结构的功能。其主要目的是作为 IIS 6.0 Web 服务器使用，将 IIS 6.0、ASP.NET 及 Microsoft .NET 框架与 Windows Server 2003 Web 版集成，能够使得任何组织快速建立并配置网页、网站及网络服务。

Windows Server 2003 Web 版具有以下特点。

(1) 为 Intranet 及 Internet 站点或网络集群主机提供了丰富的网络基本构架能力。

(2) 单任务的网络服务功能可支持对称多处理器(SMP)、2 GB RAM、10 个会话消息块(SMB)连接到网络。

(3) 该版本是极具竞争价格的、经济的网络服务器产品，能够适应各种大中小型企业的需要。

(4) 一台运行 Windows Server 2003 Web 版的服务器不能被构建为域控制器，并且不能被配置为证书服务、Microsoft Exchange Server、Microsoft SQL Server 等其他服务器应用程序的宿主。

Windows Server 2003 产品家族的其他成员也包含了 Windows Server 2003，Web Edition 的所有核心功能包括 IIS 6.0、.NET Framework 和 ASP.NET。

2.2　Windows Server 2003 的新特性

Windows Server 2003 在很多方面有着独特的亮点，为适合各种规模企业的理想服务器操作平台，Windows Server 2003 的家族产品在很多功能上有了前所未有的改进。下面是对 Windows Server 2003 新特性的一个概述，讲述了该产品的特征和优越性。

1．活动目录的新增功能

作为 Windows 服务器操作系统的核心部分，活动目录服务提供了管理构成企业网络环境的标识和关系的途径，并且为整个网络架构提供了一个集中的信息知识库。它大大地简化了用户和计算机的管理，并提供了更好的网络资源访问方式。

(1) 更加易于部署和管理。Windows Server 2003 提高了管理员在具有多个森林、域和站点的大型企业中有效地配置和管理活动目录的能力，使活动目录部署变得更加轻松。对组策略的改进使在活动目录环境中管理用户组和计算机组变得更加轻松和有效。

(2) 更加安全。Windows Server 2003 更多的安全特性实现了更加轻松的多森林和跨域信任关系的管理。此外，Windows Server 2003 提供了一个新的凭证管理器来放置用户的凭证以及 X.509 证书。软件控制策略使得管理员可以阻止用户在网络中安装不被允许的程序。

(3) 提高的性能与可靠性。在 Windows Server 2003 中，活动目录信息的复制与同步变得更加有效，管理员可以更好地控制哪些信息可以复制以及同步。在效率方面，Windows Server 2003 智能选择更新了的数据进行复制，而不是重新复制所有信息。

2．应用服务的新增功能

Windows Server 2003 的先进特性为开发应用程序提供了许多便利条件，从而降低了企业拥有总成本(TCO)。

(1) 简化了集成与协作。Windows Server 2003 以其改善的应用环境创建、部署、运行 XML Web 服务，集成支持 XML Web 服务，使得应用可以通过松耦合模型实现 Internet 计算环境。

(2) 提高了开发人员的工作效率。Windows Server 2003 应用环境通过一整套整合后的应用服务与领先的行业工具的支持，提高了开发人员的工作效率。

(3) 提高了企业工作效率。在 Windows Server 2003 环境下的应用开发程序更灵敏、更实用，节省人力资源对其进行管理，降低了企业拥有总成本(TCO)。

(4) 增强了扩展性与可靠性。这里所提到的关键的扩展性与可靠性的特点，可使开发人员与 IT 专家从中获益。

(5) 端到端的安全性能。Windows Server 2003 的安全性能是依靠活动目录服务，建立在单一的安全模式上的。其增强的安全性能能够帮助 Windows Server 2003 减少"attack surface"，使 Windows 认证和授权通过新的应用安全性能架构的功能更安全、更强大。

(6) 有效的部署与管理。通过增强的工具，例如 Windows Installer 和新工具如 Fusion 等，能够实现无人参与部署。

3．集群技术的新增功能

集群服务在企业组织部署关键业务、电子商务与商务流程应用方面起到了日益重要的作用。

集群指的是一种并行或分布式的系统，由呈两互连的计算机集合组成，可作为一个统一的计算资源使用。这些连接使计算机能够实现单机无法实现的容错和负载均衡。

Windows Server 2003 中的集群服务使设置和安装更为简单和强健。通过预先配置、远程管理和默认选择，一套简单的服务器集群可以减少重启次数，更快上线运行。增强的网络特性提供了更好的容错性能和更多的系统在线时间。

4．文件及打印服务的新增功能

文件和打印服务在任何公司中都属于最关键的服务。帮助公司创建高度可用、性能良好并且安全的文件和打印服务是 Windows Server 2003 中的关键改进的一部分。

(1) 使 Windows Server 2003 文件和打印服务更加可管理。

(2) Windows Server 2003 文件和打印服务使用户具有更高的效率。

5．IIS 6.0 新增功能

在 Internet Information Services (IIS) 6.0 中，能够通过更加轻松的服务器管理和合并，提高 Web 基础架构的可靠性，降低总拥有成本，从而提高信息系统的安全性，并为开发人员提高工作效率提供平台。

(1) Web 服务器更高的可靠性和可用性。IIS 6.0 已经经过了广泛的重新设计，以提高 Web 服务器的可靠性和可用性。新的容错进程架构和其他功能特性可以帮助用户减少不必要的停机时间，并提高应用程序的可用性。

(2) 更加轻松的服务器管理。借助 IIS 6.0，Web 基础结构的管理工作变得比以往更加轻松和灵活，从而为企业节约 IT 管理成本带来了新的机遇。

高职高专计算机实用规划教材——案例驱动与项目实践

(3) 服务器合并。和先前版本相比，IIS 6.0 的性能已经得到了极大的提高。现在，单台服务器即可托管更多的站点和应用程序。

(4) 更快捷的应用程序开发。通过提供一组全面完善的集成化应用程序服务和领先于业界的工具，Windows Server 2003 应用程序环境大大改善了开发人员的工作效率和生产力。

(5) 更高的安全性。IIS 6.0 远比 IIS 4x 或 IIS 5x 安全，它拥有很多新的功能特性，能够大大提高 Web 基础结构的安全性。此外，在默认状况下，IIS 6.0 既处于"锁定"状态，同时具有最为可靠的超时设置和内容限制。

6．系统管理的新增功能

(1) 改善的策略设置管理特性。Windows Server 2003 改善了管理员通过组策略控制等广泛的配置信息的方式，提高了组策略管理的功能。

(2) 强大的部署工具和服务。Windows Server 2003 包含新的技术和特性。远程安装服务(RIS)、用户状态迁移工具(USMT)、Windows 安装工具，能够很轻松地部署任务。

(3) 健全的命令行管理。Windows Server 2003 提供了改善的命令行管理工具，使管理员可以不通过图形用户界面完成大部分任务。

(4) Windows 更新功能。数百万的用户每周可以通过 Windows 更新保持其 Windows 系统为最新版本。Windows 更新也通过重要更新通知及自动更新来扩展它们的服务。

(5) Microsoft Windows 服务器更新服务。Windows 服务器更新服务是 Windows Server 2003 的更新组件，它可以提供有效和快速的方法来保护系统的安全。

(6) 企业级管理的集成方案。Windows Server 2003 操作平台作为 Microsoft 用于企业管理远景的核心，其立即可用的管理基础架构与技术增强了桌面管理，简化了服务器的管理，也简化了软件的部署。

7．网络通信方面的新增功能

网络方面的改进以及新增功能扩展了 Windows 2000 Server 网络架构的多功能性、管理性和可靠性，其稳定的网络基础架构使 Windows 2000 Server 家族产品拥有更强大的功能。

(1) 改进的多功能性。IPv6 的使用解决了 IPv4 中现存的有关地址损耗、安全、自动配置、延展性等问题。Windows Server 2003 本身具备 PPPoE 驱动，能使宽带不需要附加其他软件就连接到特定 Internet 服务供应商(ISPs)。网桥允许管理员让运行 Windows Server 2003 的计算机互相连接。Windows Server 2003 允许二层隧道协议(L2TP)、Over IPSec (L2TP/IPSec)或 IPSec 连接通过 NAT。

(2) 灵活的管理性。Windows Server 2003 在简化管理方面有以下新特性：如扩充连接管理器管理工作包、增加 IAS 功能、更新网络负载平衡管理方法。

(3) 卓越的可信性。Windows Server 2003 在提高可信性方面具有以下新特性：ICF 为小型企业使用设计，它为直接连接到或通过 LAN 连接到 Internet 上的计算机提供基本的保护。网络负载平衡支持 IPSec 交换。企业以 Windows Server 2003 支持的 802.1X 为基础，将所有被授权的物理访问转移到安全模式。通过使用无线访问点或交换机，企业能够确保只允许可信的操作系统与安全网络进行连接或交换信息包。

8. 安全方面的新增功能

Windows Server 2003 将提供服务创建更安全的商务环境。它简单的敏感数据加密和软件限制策略可用于阻止病毒和特洛伊木马的侵害。Windows Server 2003 也是部署公钥架构的最佳选择，它的自动批准和自动更新证书的功能使得在企业中部署智能卡和证书服务更为简单。

9. 存储管理方面的新增功能

Windows Server 2003 提供了全新和增强的存储功能，使管理磁盘、卷、备份/恢复数据以及连接存储区域网络(SAN)更易掌握，更加值得信赖。Windows Server 2003 提供了一套集成的存储管理特性(多供应商存储管理—虚拟磁盘功能(VDS)、数据管理—卷影拷贝服务、数据保护—加密文件系统、数据保护—自动系统恢复、可用性—多路 I/O、支持存储区域网络等)可以降低成本和提高可用性。

10. 终端服务的新增功能

Windows Server 2003 终端服务为企业客户提供了更加值得信赖的、伸缩性更强的、更易于管理的服务器操作平台。它为应用程序的部署提供了新的选择，在低带宽条件下能更有效地访问数据，增强了原有终端服务的功能，增加了老式设备以及新的便携设备的价值。

11. Windows Media Services 的新增功能

Windows Media Services 是 Windows 媒体技术的服务器端组件，用于在公司内部网和互联网上分发数字媒体内容。Windows Media Services 为分布式流媒体视频及音频提供了可靠的、可伸缩的、易管理的、经济的解决方案。

(1) Windows Media Services 提供了即时播放与持续播放的回放快速体验。

(2) 动态内容编程功能。动态内容编程通过启用节目空闲时的广告支持，扩展了电视类节目的功能。

(3) 行业优势。Windows 媒体服务是最可靠、最安全、最丰富的媒体分发系统。

(4) IPTV 支持。在网络技术、数字媒体和代码方面的先进性使宽带服务供应商能够通过高速的 Internet Protocol(IP)网络向家庭和办公机构提供实况媒体和点播电视节目。Windows 媒体服务对这方面的改进起了关键作用。

(5) 可扩展的平台。它可以很容易完全地集成和扩展现存的系统和解决方案。它也可帮助开发人员编写新的应用软件。

12. 企业 UDDI 服务的新增功能

UDDI 服务在企业中最为常见的，应用情境就是开发人员重复利用和动态配置。企业级 UDDI 服务是 Web 服务基础架构的关键要素，它提供了一个基于行业标准的解决方案，旨在针对 Web 服务进行查找、共享并加以重复利用，从而帮助广大开发人员和 IT 专业人士实现工作效率的最大化目标。

高职高专计算机实用规划教材—案例驱动与项目实践

2.3　Windows Server 2003 的安装

2.3.1　全新安装前的准备工作

1. 安装不同版本的 Windows Server 2003 的硬件需求

当我们安装 Windows Server 2003 操作系统时，要参考表 2-1 中的信息，了解各种不同版本的 Windows Server 2003 在安装时的硬件需求。

表 2-1　安装各种版本 Windows Server 2003 的硬件需求

安装需求	Web 版	标准版	企业版	数据中心版
最小 CPU 速度	133MHz	133MHz	基于 x86 的计算机：133MHz 基于 Itanium 的计算机：733MHz	基于 x86 的计算机：400MHz 基于 Itanium 的计算机：733MHz
推荐 CPU 速度	550MHz	550MHz	733MHz	733MHz
最小 RAM	128MB	128MB	128MB	512MB
推荐最小 RAM	256MB	256MB	256MB	1GB
最大 RAM	2GB	4GB	基于 x86 的计算机：32GB 基于 Itanium 的计算机：512GB	基于 x86 的计算机：64GB 基于 Itanium 的计算机：512GB
多处理器支持	最多 2 个	最多 4 个	最多 8 个	最少 8 个 最多 400 个
安装所需要的磁盘空间	1.5GB	1.5GB	基于 x86 的计算机：1.5GB 基于 Itanium 的计算机：2.0GB	基于 x86 的计算机：1.5GB 基于 Itanium 的计算机：2.0GB

2. 检查硬件兼容性

在安装 Windows Server 2003 之前，应该先测试计算机硬件环境是否与 Windows Server 2003 操作系统兼容，以免在安装过程中出现问题。即安装人员要检查系统兼容性，查看是否所有的硬件都出现在硬件兼容列表(HCL)中。检查硬件兼容性的方法有两种：一种是在要安装 Windows Server 2003 操作系统的计算机上自动运行安装盘，选择【检查系统兼容性】项(见图 2-1)，自动进行。

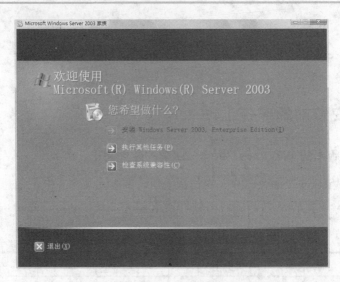

图 2-1　利用安装光盘检查硬件兼容性

2.3.2　全新安装的详细步骤

目前，从 CD-ROM 引导安装 Windows Server 2003 的方法是最常见的，也是我们重点介绍的内容。以 Windows Server 2003 企业版的安装为例，安装过程说明如下。

(1)　将安装光盘放入光驱中，并事先设置好 BIOS 启动顺序中第一设备为 CD-ROM。重新启动计算机后，进入安装实施阶段，如图 2-2 所示。按 Enter 键安装过程继续。

(2)　出现【MICROSOFT 软件最终用户许可协议】界面，如图 2-3 所示。看完许可协议后按下 F8 键，进入下一步。

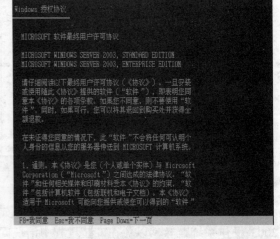

图 2-2　开始安装界面　　　　　　　图 2-3　Windows Server 2003 许可协议

注意：不要着急按下 F8 键，仔细阅读一下协议内容，会对用户今后的学习有所帮助。

（3）进入如图 2-4 所示的选择分区界面后，用户可进行两种操作，磁盘分区和选择磁盘文件的安装位置。建议先划分分区，即按下 C 键，这样可省去日后的麻烦。否则安装完后需要利用自带的磁盘工具或第三方软件对分区进行进一步的管理和规划。建立好分区后，按 Enter 键进入下一步。

（4）进入如图 2-5 所示的选择文件系统界面后，进行对磁盘分区的格式化。这里有四个选择，一般都选择第三项【用 NTFS 文件系统格式化磁盘分区】，并按 Enter 键继续下面的操作。之所以这样选择是因为与 FAT 格式相比，NTFS 格式在安全性、可靠性、工作效率、恢复能力甚至于速度等方面都存在一定的优势，并且支持包括 Active Directory 和基于域的安全性在内的重要功能。

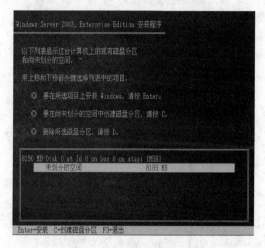

图 2-4　选择分区界面　　　　　　　　图 2-5　选择文件系统界面

（5）格式化工作完毕后，安装程序会花费比较长的时间进行复制文件的操作(如图 2-6 所示)。这一操作完成后，安装过程第一次提示重新启动计算机，如图 2-7 所示，蓝屏安装过程至此结束，进入到图形化安装阶段。

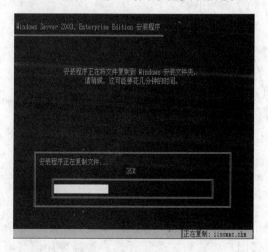
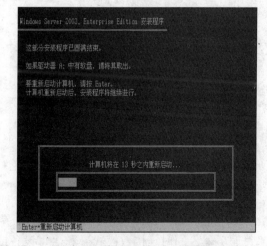

图 2-6　复制文件　　　　　　　　　图 2-7　安装过程第一次提示重启

注意：此时不要按下字母 D 键，否则会删除所选择的分区上的文件，造成数据丢失。

注意:进入如图 2-8 所示图形化安装阶段后,窗口右侧有不断发生变化的文字,请仔细阅读,它可以帮助我们了解 Windows Server 2003 操作系统的特点。

(6) 进入如图 2-9 所示的【区域和语言选项】界面。如果用户采用缺省的设置,直接单击【下一步】按钮即可。如果想进行个性化设置,则可先单击【自定义】按钮进行调整和安装,再单击【下一步】按钮即可。如果想添加其他安装光盘上已有的输入方法,则单击【详细信息】按钮。

图 2-8　进入图形化安装阶段

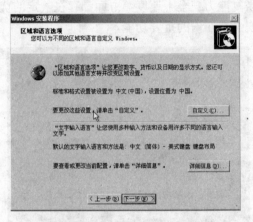
图 2-9　【区域和语言选项】设置

(7) 进入如图 2-10 所示的【自定义软件】界面,输入【姓名】和【单位】信息后,单击【下一步】按钮,进入如图 2-11 所示的【您的产品密钥】界面,输入安装程序的【产品密钥】,单击【下一步】按钮,继续后面的操作。

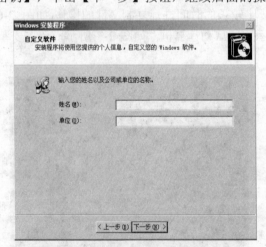
图 2-10　【自定义软件】界面

图 2-11　【您的产品密钥】界面

(8) 进入如图 2-12 所示的【授权模式】界面。Windows Server 2003 支持两种授权模式:"每服务器。同时连接数模式"和"每设备或每用户模式"。为了让客户端能使用服务器提供的各种服务,客户端需要与服务器建立连接,微软公司对与服务器进行连接的客户端的数量的控制就是这里所说的"授权"。

"每服务器。同时连接数模式"是指访问许可证分配给当前的服务器，超过授权数量的连接将被拒绝。因此，特别适用于不需要大多数客户端连接到多台服务器的情况。"每设备或每用户模式"则是将访问许可证分配给客户端。

用户在安装系统时，究竟是选择"每服务器。同时连接数模式"还是"每设备或用户模式"，主要是考虑环境的具体需求，在满足需求的情况下，购买的访问许可证的数量要尽可能地少，这样可以降低使用成本。

> 注意：*"每服务器。同时连接数模式"可以向"每设备或每用户模式"转化，而反过来的逆转过程是不能实现的。因此，当我们无法确定两种模式哪种更符合用户需求时，最好选择"每服务器。同时连接数模式"，即系统默认的方式，单击"下一步"按钮，继续。*

(9)　进入到如图 2-13 所示的【计算机名称和管理员密码】界面，输入【计算机名称】，如果安装的服务器是在网络环境中，那么需要与网络管理员共同协商，计划合理的计算机名称。

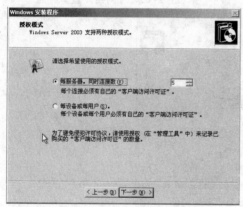
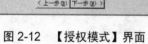

图 2-12　【授权模式】界面

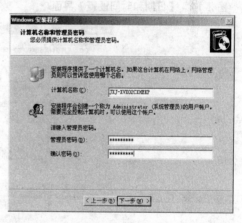

图 2-13　【计算机名称和管理员密码】界面

另外，输入管理员密码建议使用强密码，即密码中包括数字、小写英文字母、大写英文字母以及标点符号等特殊字符。因为密码中的字符越单一，利用专业软件破解密码的速度就越快，这样就会降低系统的安全性。当输入的管理员密码没有达到强密码要求时，系统会有提示窗口弹出。

> 注意：*设置管理员密码时，一定要记住该密码。如果记不住，则系统需要重装！*

(10) 单击【下一步】按钮，进入到如图 2-14 所示的【日期和时间设置】界面。用户可为计算机设置时间和日期格式，然后单击【下一步】按钮，继续下面的安装过程。

(11) 进入到如图 2-15 所示的【网络设置】界面。该界面有两种选择：【典型设置】和【自定义设置】。如果选择【典型设置】，将使用"Microsoft 网络客户端"、"Microsoft 网络的文件和打印共享"、"自动寻址的 TCP/IP 传输协议"。如果对【典型设置】的这一设置组合不满意，则用户可选择【自定义设置】，它允许用户根据自己的需要手动配置网络组件，如网络协议和服务等。

(12) 单击【下一步】按钮，进入到如图 2-16 所示的【工作组或计算机域】界面。该界

面是选择将计算机加入到工作组中还是加入到域中。在安装过程中如果没有域环境，则需选择第一项，将计算机加入到工作组中。如果想将计算机加入到域中，需要有管理员的权限才能实现。

图 2-14　【日期和时间设置】界面　　　　图 2-15　【网络设置】界面

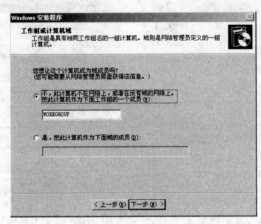

图 2-16　【工作组或计算机域】界面

加入域的方法具体有两种：

方法一，在域控制器中以管理员的权限预先为这台计算机设置一个帐号，然后再从这台计算机上将其加入到域中。

方法二，直接从这台计算机上将其加入到域，这需要在窗口中输入管理员的用户名和密码。

注意：工作组名和计算机名不能相同。

(13) 接下来安装程序进行一系列的复制、安装、注册组件、保存设置等自动工作后，计算机要进行第二次提示重启操作，如图 2-17 所示。按下 Ctrl+Alt+Delete 组合键可进入管理员登录窗口，如图 2-18 所示。

注意：管理员帐号是在安装过程中创建的唯一的帐号。因此，第一次登录时，只能以此身份登录。

图 2-17 安装过程第 2 次提示重启

图 2-18 使用管理员的身份登录

(14) 首次登录到 Windows Server 2003 上时，会自动弹出如图 2-19 所示的【管理您的服务器】窗口。在此窗口中可以方便地进行各种管理工作，如果选择该窗口左下方的【在登录时不要显示此页】前面的复选框，该窗口在以后登录时就不会再自动弹出。如果需要打开此窗口，则选择【开始】|【所有程序】|【管理工具】|【管理您的服务器】命令即可。至此，整个安装过程结束。

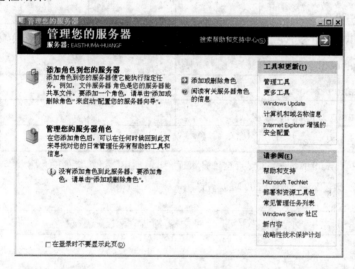

图 2-19 管理您的服务器

注意：如果要在一台计算机上安装多个操作系统时，最好将不同的操作系统安装到不同的磁盘分区上，这样可避免一些不必要的错误。

2.3.3 其他安装方式

除了前面介绍的全新安装方式外，Windows Server 2003 还有几种其他的安装方式。用户可以根据自己的具体情况选择适合的安装方式。

1. 升级安装

1) 升级到 Windows Server 2003 操作系统的好处
(1) 可以带来丰厚的投资回报。
(2) 降低由于系统故障所造成的损失。
(3) 增强系统的安全性，建立安全的电子商务环境。

(4) 有效地降低 IT 运营成本。

(5) 实现灵活的 IT 基础架构。

(6) 降低垃圾邮件和病毒所造成的损失。

(7) 降低 IT 工作人员的工作负荷，增强工作效率。

2) 其他低版本的操作系统到 Windows Server 2003 的升级途径

升级安装时，用户要选择一个可行的升级途径，请参看表 2-2，了解哪些升级途径是可行的。

表 2-2　可行的升级途径

升级前的系统 \ 要升级的系统	标准版	企业版	数据中心版	网络版
Windows NT 4.0	✓	✓		
Windows 2000 Server	✓	✓		
Windows 2000 advanced Server		✓		
Windows 2000 datacenter Server			✓	
Windows 2000 standard Server	✓	✓		
Windows 2000 Enterprise Server		✓		
Windows 2000 Web Server				✓

注：打“✓”表示 Windows Server 2003 支持这种升级途径，例如第 2 行第 2 列的“✓”表示 Windows NT 4.0 操作系统可以升级到 Windows Server 2003 的标准版。

注意：一般推荐全新安装方式，不主张升级安装。

2．网络安装

网络安装适用于需要安装 Windows Server 2003 的计算机上没有光驱或者没有系统安装程序的情形，这时可利用网络中服务器上的硬件或软件资源完成操作系统的安装过程。

安装步骤如下。

第一步，在网络服务器上，将 Windows Server 2003 的安装光盘放入光盘驱动器，并共享该光盘驱动器，或将安装盘上的 I386 文件夹中的文件复制到服务器上的一个共享文件夹中。

第二步，登录到一台要安装 Windows Server 2003 的计算机，从【网上邻居】上搜索到网络服务器中共享光盘驱动器，或存放 I386 文件夹的共享文件夹，打开 I386 文件夹，运行 winnt32.exe 程序。

3．无人值守安装

无人值守安装是一种自动化安装方法，当需要安装 Windows Server 2003 的计算机的数量很多时，不需要坐在一台台计算机面前重复地回答相同的问题，而是采用用户预先写在软盘中的自动应答脚本文件回答所有提问。

高职高专计算机实用规划教材——案例驱动与项目实践

2.4　实　践　训　练

2.4.1　任务 1：通过全新安装方式进行 Windows Server 2003 操作系统的安装

任务目标： 熟练掌握从 Windows Server 2003 安装光盘启动计算机，并完成 Windows Server 2003 操作系统的全新安装。

包含知识： 格式化磁盘分区、授权模式、计算机名、工作组和域名、管理员强密码等。

实施过程： 参考 2.3.2 节全新安装详细步骤。

常见问题解析： 用户设置完管理员密码时，一定要将其记住，以方便日后用管理员的身份登录系统。

2.4.2　任务 2：修改计算机名、工作组名(或域名)

选择【开始】|【所有程序】|【管理工具】|【管理您的服务器】命令，打开【管理您的服务器】窗口，修改计算机名、工作组名(或域名)信息等操作。

任务目标： 学习安装系统的过程中必须提供的参数设置，和一般情况下的其他信息的正确设置。

包含知识：【管理您的服务器】功能的应用。

实施过程： 在【管理您的服务器】窗口中，单击窗口右侧的"计算机和域名称信息"选项。

常见问题解析： 给计算机命名时应注意什么？

- 在同一工作组或域中，计算机名必须唯一。
- 建议在计算机名中只使用 Internet 标准的字符。这些标准字符包括数字 0～9、A～Z 的大写字母和小写字母以及连字符"-"。

2.4.3　任务 3：系统帮助文档的使用

任务目标： 利用【管理您的服务器】窗口中"部署和资源工具包"和"常见管理任务列表"功能学会查找帮助信息。让学生除了在课堂有限的时间内掌握知识外，还能够利用 Windows Server 2003 环境中人性化的帮助界面学到更丰富的知识。

包含知识： "部署和资源工具包"和"常见管理任务列表"功能的应用。

实施过程： 在【管理您的服务器】窗口中，用鼠标选中窗口右下角的"部署和资源工具包"或"常见管理任务列表"选项。

常见问题解析： Windows Server 2003 的系统帮助文档是管理员的主要工作。日常系统管理中疑难之处，即可查阅帮助文档。

2.5 习　题

1. Windows Server 2003 操作系统有哪些家族成员？
2. 请列出 Windows Server 2003 操作系统的新特性。
3. Windows Server 2003 操作系统的升级途径有哪些？

第 3 章 本地用户和组

教学提示

在计算机网络中，计算机的服务对象是用户，用户通过帐户访问计算机资源。用户的帐户类型包括域帐户、本地帐户和内置帐户。本地帐户只允许在本地计算机上登录，由创建本地帐户的本地机验证。组是本地计算机或 Active Directory 中的对象，包括用户、联系人、计算机和其他组。

教学目标

通过本章的学习，要求用户掌握如何创建和管理用户帐户，如何创建和管理组帐户。理解本章的重点与难点，并熟练掌握用户管理的基本方法。

3.1 本地用户管理

帐户是 Windows Server 2003 网络中一个重要的组成部分，每一个用户都需要一个帐户，以便登录到网络访问网络资源或登录到某台计算机访问该计算机上的资源，从某种意义上来说，帐户就是计算机网络世界中用户的身份证。Windows Server 2003 网络依赖帐户来管理用户，控制用户对资源的访问。

用户帐户由一个帐户名和一个密码来标识，而用户帐户的命名规则十分重要，一个有效的用户名是指符合 Windows Server 2003 用户命名规则，但用户也可以建立自己的命名约定。

Windows Server 2003 的用户命名规则包括如下内容。

- 用户名必须唯一，且不分大小写。
- 用户名最多可以包含 20 个大小写字符和数字，输入时可超过 20 个字符，但只识别前 20 个字符。
- 用户名不能使用系统保留字符：* " " /\[ ] : ; <> ? + = , |。
- 用户名不能只由句点和空格组成。

为了维护计算机的安全，每个帐户必须有密码，在以前的 Windows 2000 Server 的网络中，对用户密码是没有强制要求的。在 Windows Server 2003 网络中对用户的密码有如下要求。

- 不包含全部或部分的用户帐户名。
- 密码长度在 8～128 个字符之间。
- 尽量避免带有明显意义的字符或数字的组合，采用大小写和数字的无意义混合。
- 密码可以使用大小写字母、数字和其他合法的字符。
- 必须为 Administrator 帐户分配密码，防止未经授权就使用。

● 明确管理员还是用户管理密码，最好由用户管理自己的密码。

Windows Server 2003 服务器有两种工作模式：工作组模式和域模式。针对这两种工作模式有两种用户帐户：域用户帐户和本地用户帐户。

1．域用户帐户

域用户帐户也称网络帐户，应用于域模式的网络中，是用户访问域的唯一凭证。域帐户的帐号名和密码存储在域控制器上的 Active Directory 数据库中，由域控制器集中管理。用户可以利用域用户帐号和密码登录到域并访问域中资源，例如访问域中其他计算机内的文件、打印机等。

当用户使用域用户帐户登录域时，这个帐户的信息会被送到域控制器，并由域控制器验证所输入的帐户名和密码是否正确。

当在某台域控制器创建域用户帐户后，这个帐户会被自动复制到同一域内的其他所有域控制器中。因此，当用户登录时，该域内的所有域控制器都可以验证用户所输入的帐户名和密码是否正确。

2．本地用户帐户

本地用户帐户应用于对等网的工作组模式，只能建立在非域控制器的 Windows Server 2003/Windows 2000 Server /Windows NT 独立服务器、成员服务器以及 Windows XP 客户端，而不能建立在域控制器的 Active Directory 数据库内。本地用户帐户的作用范围仅限于创建该帐户的计算机上，即只能在本地计算机上登录，访问本机内的资源，无法访问域中的其他计算机资源。如果要访问其他计算机内的资源，则必须输入该计算机内的帐户名和密码。

当用户使用本地用户帐户登录时，由这台计算机利用其中的"本地安全帐户数据库"验证帐户名和密码。

本地用户帐户只能存在于本地计算机内，它们既不会被复制到域控制器的活动目录内，也不会被复制到其他计算机的"本地安全帐户数据库"中。

本地计算机上都有一个管理帐户数据的数据库，称为安全帐户管理器(Security Accounts Managers，SAM)。SAM 数据库文件保存在系统盘下的\windows\system32\config\目录中。在 SAM 中，每个帐户被赋予唯一的安全识别符(Security Identifier，SID)，该 SID 将是独一无二的，SID 为一个帐号的属性，不随帐号的修改、更名而改动。用户要访问本地计算机，都需要经过该机 SAM 中的 SID 验证。本地的验证过程都由创建本地帐户的本地机完成，没有集中的网络管理。

3.1.1 内置用户帐户

内置用户帐户是 Windows Server 2003 自带的帐户，在安装 Windows Server 2003 时，不论是独立服务器或是成员服务器，还是域控制器，系统都会自动建立内置帐户，并赋予相应的权限，系统利用这些帐户来完成某些特定的工作。Windows Server 2003 中常见的内置用户帐户包括 Administrator 和 Guest 帐户。这些内置用户帐户不允许被删除，Administrator

帐户不允许被屏蔽，但内置帐户允许更名。

- Administrator(系统管理员)帐户：拥有最高的权限，管理着 Windows Server 2003 系统和域，可以从事创建其他用户帐户、创建组、实施安全策略、管理打印机以及分配用户对资源的访问权限。系统管理员的默认名字是 Administrator，用户可以更改系统管理员的名字，但不能删除该帐户。同时该帐户无法被禁止，永远不会到期，不受登录时间和只能使用指定计算机登录的限制。

> **注意**：由于 Administrator 帐户的特殊性，因此容易被黑客及不怀好意的用户利用，成为攻击的首选对象。出于安全性的考虑，建议将该帐户更名，以降低该帐户的安全风险。

- Guest(来宾)帐户：是为临时访问计算机的用户提供的，该帐户自动生成，且不能被删除，可以更改名字。Guest 只有很少的权限，默认情况下，该帐户被禁止使用。

> **注意**：出于安全考虑，Guest 帐户在 Windows Server 2003 安装好之后是被屏蔽的，如果需要可以手动启用。注意分配给该帐户的权限，该帐户也是黑客攻击的主要对象。

- Windows Server 2003 为匿名访问 IIS 等服务的用户提供内置用户帐户，如：IUSR_computer_name、IWAM_computer_name。

在内置的帐户中，只有 Administrator 才具有添加、更改、删除等管理帐户的权限。因此，用户在练习时可先利用 Administrator 帐户登录。

3.1.2 创建本地用户帐户

在 Windows Server 2003 中，登录是访问资源的先决步骤，这就需要为登录的用户创建帐户。用户帐户由一个帐户名和一个密码标识，二者都需要用户在登录时输入。本地用户帐户可以创建在任何一台除了域的域控制器以外的基于 Windows Server 2003\Windows 2000 Server\Windows NT 独立服务器或成员服务器、Windows XP Professional、Windows XP Home Edition、Windows 2000 Professional、Windows NT Workstation 等计算机的"本地安全帐户数据库"内。

出于安全的考虑，通常建议只在不是域组成部分的计算机上创建和使用本地用户帐户，即在属于域的计算机上不要设置本地帐户，应该为这些用户在域控制器上创建域用户帐户，要求用户利用这些域帐户登录。尽量不要让域用户利用本地用户帐户登录，因为无法在域内任何一台计算机上给其他计算机的本地用户帐户设置权限，这样这些帐户将无法访问其他计算机内的资源。工作组模式是使用本地用户帐户的最佳场所。只有系统管理员才能在本地创建用户。

以 Windows Server 2003 为例，来创建本地用户帐户。

具体操作步骤如下。

(1) 选择【开始】|【管理工具】|【计算机管理】|【本地用户和组】命令，在弹出的【计算机管理】窗口中，右击【用户】选项，在弹出的快捷菜单中选择【新用户】命令，如图 3-1 所示。

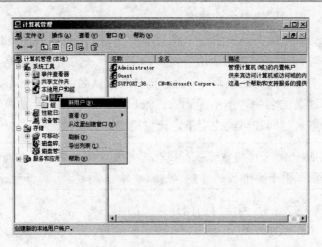

图 3-1 【计算机管理】窗口

(2) 弹出【新用户】对话框，如图 3-2 所示，在【用户名】文本框中输入规划好的用户帐户名称，并根据实际情况输入用户名和描述信息(全名和描述可以省略)。

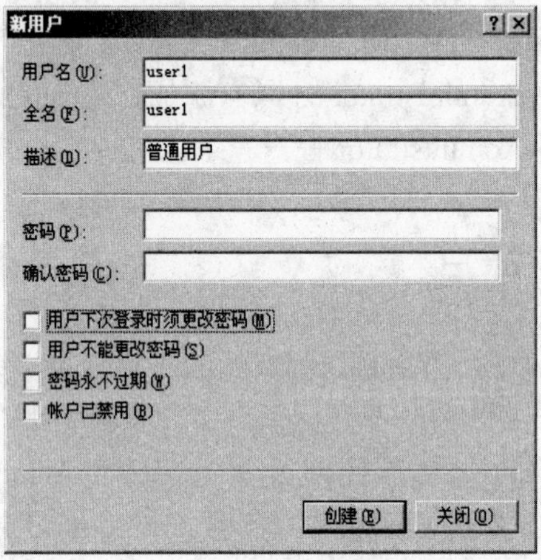

图 3-2 【新用户】对话框

下面介绍四个复选框的作用。

- 【用户下次登录时须更改密码】：用户首次登录时，使用管理员分配的密码。当用户再次登录时，系统会显示一个用来强制用户更改密码的对话框，用户更改后的密码只有自己知道，这样可以保证安全使用。这个选项是默认选项。

- 【用户不能更改密码】：不让用户更改密码，只允许使用管理员分配的密码，用于 Guest 之类的帐户和多个用户共享的帐户。

- 【密码永不过期】：密码默认的有限期为 42 天，超过 42 天系统会提示用户更改密码，选中此项表示系统永远不会提示用户修改密码。

- 【帐户已禁用】：选中此项表示任何人都无法使用这个帐户登录，例如预先为新员工所创建的帐户，但是该员工尚未报到，或者离职的员工帐户，都可以利用此方法将该帐户禁用。

注意：【用户下次登录时须更改密码】与【密码永不过期】复选框不能被同时选中。

3.1.3 管理用户帐户

1．禁用用户帐户

当某个用户帐户长期休假或离职时，就要禁用该用户的帐户，不允许该帐户登录，该帐户信息会显示为 x。如果禁用帐户，则以后只要再启用该帐户即可恢复其相关用户的属性。

具体操作步骤如下：

(1) 在【计算机管理】窗口中，选择【本地用户和组】|【用户】选项，在对应的列表中选择需要的帐户，右击该帐户，在弹出的快捷菜单中选择【属性】命令。

(2) 弹出【user1 属性】对话框，切换到【常规】选项卡，选中【帐户已禁用】复选框，如图 3-3 所示，单击【确定】按钮，该帐户即被禁用。

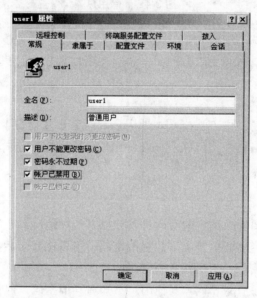

图 3-3 【user1 属性】对话框

(3) 如果要重新启用某帐户，只要取消选中【帐户已禁用】复选框即可。

2．删除用户帐户

当某个用户离开公司，为防止其他用户使用该用户帐户登录，就要删除该用户的帐户，被删除的帐户将永远无法恢复。

具体操作步骤如下：

在【计算机管理】窗口中，选择【本地用户和组】|【用户】选项，在列表中选择需要删除的帐户，右击该帐户，在弹出的快捷菜单中选择【删除】命令，即可删除该帐户，如图 3-4 所示。

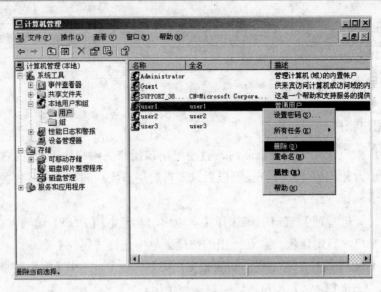

图 3-4　删除用户

3．更改用户帐户名

帐户创建之后，可以随时更改帐户名，用户更名后，仍保持更改前用户名的所有相关用户属性。

具体操作如下：

在【计算机管理】窗口中，选择【本地用户和组】│【用户】选项，在对应的列表中选择需要更名的帐户，右键单击该帐户，在弹出的快捷菜单中选择【重命名】命令，输入新名字。

4．重设帐户密码

出于安全的原因，要更改用户的密码可以分以下几种情况。

- 如果用户在知道密码的情况下想更改密码，可以在登录后按 Ctrl+Alt+Del 组合键，输入正确的旧密码，然后输入新密码即可。
- 如果用户忘记了登录密码，其他用户不知道其旧密码，但管理员可以改变其密码，然后使用新密码登录。

具体操作如下：

在【计算机管理】窗口中，选择【本地用户和组】│【用户】选项，在对应的列表中选择需要重设密码的帐户，右击该帐户，在弹出的快捷菜单中选择【设置密码】命令，输入新密码，再次输入新密码进行确认即可。

5．管理用户属性

要更好地管理用户帐户，可以配置用户属性。通过用户属性对话框，可以改变原密码选项，将用户加进组中和指定用户配置文件信息。

下面参考图 3-3 所示，介绍用户属性对话框中的常用选项卡。

- 【常规】选项卡：包含设置新用户帐户时指定的信息，包括输入的姓名与描述信

息，选择的密码选项和帐户是否关闭。

● 【隶属于】选项卡：负责管理用户在组中的成员关系，从这个选项卡可以将用户加进现有组中，或从组中删除这个用户。

● 【配置文件】选项卡：可以设置自定义用户环境的属性。

● 【拨入】选项卡：用于定义拨号属性，如远程访问权限与回叫选项，这些选项与远程访问服务器和虚拟专用网服务器一起使用。

3.2　本地组管理

组是 Windows Server 2003 网络管理中的重要部分，组将具有相同特点及属性的用户组合在一起，便于管理员进行主要的管理工作。例如，当要给一批用户分配同一个权限时，就可以将这些用户都归到一个组中，只要给这个组分配此权限，组内的用户就都会拥有此权限。从而大大地节省工作量，简化对访问网络中资源的管理。组是指本地计算机或 Active Directory 中的对象，包括用户、联系人、计算机和其他组。在 Windows Server 2003 中，通过组来管理用户和计算机对共享资源的访问。如果赋予某个组访问某个资源的权限，这个组的用户都会自动拥有该权限。引入组的概念主要是为了方便管理访问权限相同的一系列用户帐户。

Windows Server 2003 同样使用唯一安全标识符 SID 来跟踪组，权限的设置都是通过 SID 进行的，而不是利用组名。更改任何一个组的帐户名，并没有更改该组的 SID，这意味着在删除组之后又重新创建该组，不能期望所有权限和特权都与以前相同。新的组将有一个新的安全标识符，旧组的所有权限和特权已经丢失。

在 Windows Server 2003 中，用组帐户来表示组，用户只能通过用户帐户登录计算机，不能通过组帐户登录计算机。

与用户帐户类似，也可以分别在本地和域中创建组帐户。

● 本地组帐户：在 Windows Server 2003/Windows 2000 Server/Windows NT 独立服务器、成员服务器以及 Windows XP 客户端上创建。这些帐户被存储在"本地安全帐户数据库"内。本地组只能在本地计算机中使用。

● 域组帐户：在 Windows Server 2003 域控制器上创建，被存储在 Active Directory 数据库内。可以在整个域目录林的所有计算机上使用这些组。

3.2.1　系统内置组

安装 Windows Server 2003 时系统会自动创建一些内置组，同时为这些组赋予了相应的权限。下面介绍一些主要的内置组及其相应的权限。

● Administrators 组：在系统内有最高权限，例如拥有赋予权限，添加系统组件，升级系统，配置系统参数(如注册表的修改)，配置安全信息等权限。内置的系统管理员帐户是 Administrators 组的成员。如果这台计算机加入到域中，域管理员将自动加入到该组。

- Backup Operators 组：它是所有 Windows Server 2003 都有的组，可以忽略文件系统权限进行备份和恢复，可以登录系统和关闭系统，可以备份加密文件。

- Guests 组：内置的 Guest 帐户是该组的成员。

- Power Users 组：存在于非域控制器上，可进行基本的系统管理，如共享本地文件夹、管理系统访问和打印机、管理本地普通用户；但是它不能修改 Administrators 组、Backup Operators 组，不能备份/恢复文件，不能修改注册表。

- Remote Desktop Users 组：该组的成员可以通过网络远程登录。

- Users 组：是一般用户所在的组，新建的用户都会自动加入该组，并对系统有基本的权力，如运行程序，使用网络。不能关闭 Windows Server 2003。不能创建共享目录和本地打印机。如果这台计算机加入到域，则域用户将自动被加入到 Users 组。

- Network Configuration Operators 组：该组内的用户可在客户端执行一般的网络配置，例如，更改 IP，但不能添加/删除程序，也不能执行网络服务器的配置工作。

Windows Server 2003 还有几个内置的特殊组，这些组不能被编辑、禁用或删除，也不能向其添加成员。但可以被赋予各种权限，但在【本地用户组】中不可见。

- Everyone 组：包括所有访问该计算机的用户，如果 Guest 帐户被启动，则为 Everyone 指定权限时一定要小心，Windows 会将没有有效帐户的用户当成 Guest 帐户，该帐户将自动得到 Everyone 的权限。

- Authenticated Users 组：包括在计算机上或活动目录中的所有通过身份验证的帐户，用该组代替 Everyone 组可以防止匿名访问。

- Creator Owner 组：包括创建资源的帐户。

- Network 组：任何从网络上的另一台计算机与该计算机上的共享资源保持联系的帐户都属于这个组。

- Interactive 组：包括当前在该计算机上登录的所有帐户。

- Anonymous Logon 组：包括 Windows Server 2003 不能验证身份的任何帐户。

- Dialup 组：包括当前建立了拨号连接的任何帐户。

3.2.2 创建和管理本地组帐户

创建本地组的用户必须是 Administrators 组或 Account Operators 组的成员，创建步骤与创建用户帐户相似。

具体操作步骤如下：

(1) 在【计算机管理】窗口中选择【本地用户和组】选项，右击【组】选项，在弹出的快捷菜单中选择【新建组】命令，如图 3-5 所示。

(2) 如图 3-6 所示，在弹出的【新建组】对话框中输入组名、组的描述，单击【添加】按钮，即可把已有的帐户或组添加到该组中，该组的成员在【成员】列表框中列出。

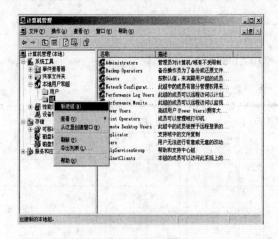

图 3-5　创建本地组

图 3-6　【新建组】对话框

(3) 单击【创建】按钮完成创建工作。本地组用背景为计算机的两个人头像表示，如图 3-7 所示。

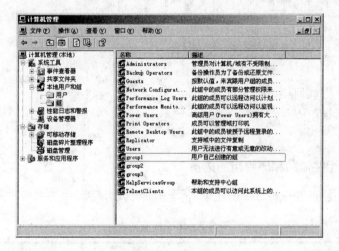

图 3-7　创建完成

如果可能，应尽量向内置本地组中增加用户，而不是从头创建新组，这样能简化工作，因为内置组已经有相应权限，只要添加作为组成员的用户即可。

管理本地组操作较简单，在【计算机管理】窗口右部的组列表中，右键单击选定的组，在弹出的快捷菜单中选择相应的命令即可以删除组、更改组名，或者为组添加或删除组成员。

3.3　实　践　训　练

3.3.1　任务 1：创建本地用户帐户

任务目标：掌握如何创建本地用户帐户。

包含知识：本地用户管理。

实施过程：参看本章相关知识点。

创建表 3-1 所示的用户帐户，然后任选一用户测试登录过程。

表 3-1 用户帐户

用户名称	全 名	密 码	密码权限归属	用户类别
user1	user	one	(空)	管理员
user2	user	two	(空)	用户
user3	user	three	user3	用户
user4	user	four	user4	管理员

常见问题解析：

(1) 只有管理员组的成员才能创建用户。

(2) 用户帐户创建必须遵循帐户命名规划和密码设置策略。

3.3.2 任务 2：创建和管理本地组

任务目标：掌握如何创建和管理本地组。

包含知识：本地组管理。

实施过程：

1. 创建本地组并添加和删除组的成员

(1) 创建本地组，并按表 3-2 所示向各组添加成员用户。

表 3-2 组和成员列表

组	成 员
group1	user1，user2
group2	user2，user3
testing	user1，user4

(2) 在本地组中添加和删除成员：在 testing 组中添加 user3、删除 user4。

2. 删除一个本地组 testing 组

常见问题解析：

(1) 只有管理员才能完成创建和管理本地组的任务。

(2) 组帐户不能用于登录计算机操作系统。

3.4 习　题

1. 选择题

(1) 在系统默认情况下，下列(　　)Windows Server 2003 组成员可以创建本地用户帐户。

　　A. Guests　　　　B. Backup Operators　　　C. Power Users　　　　D. Users

(2) Windows Server 2003 安装完毕，管理员为用户建立的帐户，系统都自动放入(　　)组中。

　　A. Administrators　　　B. Guests　　　　C. Users　　　　D. Power Users

(3) Windows Server 2003 安装完毕时，系统会自动设置两个内置帐户，一个是负责管理工作的帐户 Administrator，另一个是(　　)帐户。

　　A. Administrators　　　B. Everyone　　　C. Guest　　　　D. Power Users

2. 思考题

(1) Windows Server 2003 有哪些内置本地用户帐户？各有什么特点？

(2) 用户帐户的管理工作有哪些？

第 4 章　Windows Server 2003 配置环境

Windows Server 2003 的环境配置，主要是指各种硬件驱动程序、显示属性、控制面板等参数的配置，是 Windows Server 2003 的最基本的应用和操作。

熟悉 Windows Server 2003 的基本配置，会安装升级各种硬件驱动程序，会通过控制面板来设置 Windows 系统下的各种参数配置。

4.1　Windows Server 2003 硬件设备的安装与配置

4.1.1　配置驱动程序

所有的硬件必须安装驱动程序才可以正常工作，Windows Server 2003 系统也一样。只不过 Windows Server 2003 系统自带了更多的驱动程序，例如 DVD/CD-ROM 驱动器、软盘驱动器、硬盘驱动器、网卡、部分声卡以及部分显卡(显示卡)等。右击【我的电脑】图标，在弹出的快捷菜单中选择【属性】命令，弹出【系统属性】对话框，切换到【硬件】选项卡，单击【设备管理器】按钮，如图 4-1 所示。

在设备管理器中，可以看到所有的硬件设备。如图 4-2 所示，设备列表前面有黄色叹号的设备表示其驱动程序安装不正常。对于处于这种状态的设备，可以在该设备上单击鼠标右键，如图 4-3 所示，在弹出的快捷菜单中选择【更新驱动程序】命令，然后按照如图 4-4 所示的向导一步步地重新安装驱动程序。

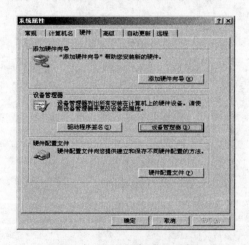

图 4-1　【系统属性】对话框　　　　　　　　图 4-2　【设备管理器】窗口

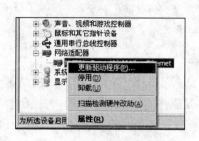

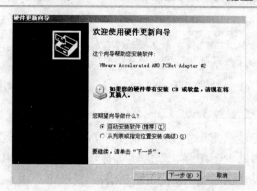

图 4-3　为选中设备更新驱动　　　　　　图 4-4　设备更新驱动向导

按向导执行完毕后，驱动程序安装正常的话，黄色叹号标记就不再存在，设备即可正常使用。在设备管理器里还可以对某个硬件设置禁(停)用或者启用。

4.1.2　配置显示设置

Windows Server 2003 不仅在服务功能上有显著改进，在用户界面上也表现得更加友好和智能化。默认情况下沿用了 Windows 2000 Server 的简洁桌面风格，还可以自定义，方法是在桌面空白处单击鼠标右键，在弹出的快捷菜单中选择相应命令便可对主题、桌面、文字大小、颜色质量、屏幕分辨率、外观、屏幕保护程序等进行设置。

在【桌面】选项卡(见图 4-5)中可以选择桌面背景，也可以按照自己的喜好任意定义一个桌面。

在【设置】选项卡(见图 4-6)中可以改变屏幕的分辨率，颜色质量等。此外【屏幕保护程序】选项卡可以为桌面设定一个屏幕保护，超过一定时间不动鼠标键盘的话即运行屏幕保护程序，自动让屏幕呈现某种动画效果，以保护屏幕某处总是一种颜色和亮度，起到保护显示器的作用。

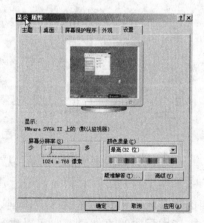

图 4-5　【桌面】选项卡　　　　　　　　图 4-6　【设置】选项卡

桌面上通常要具有【我的文档】、【网上邻居】、【我的电脑】、Internet Explorer、【回收站】等常用快捷图标，以方便使用。

> **注意：** 如果系统安装完毕第一次启动时，桌面上没有上述常用快捷图标，可以在【任务栏】的空白处单击鼠标右键，选择【属性】命令，在【任务栏和「开始」菜单属性】对话框的【「开始」菜单】选项卡中选择【经典「开始」菜单】单选按钮即可设置完成。

在显示器尺寸相同的情况下，分辨率越大显示字体越小，反之字体越大，但清晰度随分辨率增大而增强。新的宽屏显示器设置分辨率的时候需注意，设置分辨率的比例要和显示器尺寸相匹配。颜色质量 32 位，表示每个像素点的颜色用 32bit 来表示，相比 24 位颜色，颜色质量要高得多。

4.1.3 控制面板

控制面板提供了一组特殊用途的管理工具，使用这些工具可以配置 Windows、应用程序和服务环境。控制面板中包含可用于常见任务的默认项(例如【显示】和【添加硬件】)，也可以在控制面板中插入用户安装的应用程序和服务的图标。

控制面板中包括两种视图："分类视图"和"经典视图"。"分类视图"中可根据用户要执行的任务显示控制面板图标。"经典视图"则以之前 Windows 版本的用户熟悉的视图显示控制面板图标。

Windows Server 2003 中的大多数控制工具都在控制面板中，打开控制面板的操作如下：选择【开始】|【设置】|【控制面板】命令，即可打开如图 4-7 所示的【控制面板】窗口。

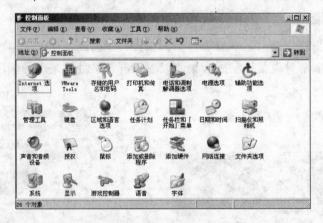

图 4-7 【控制面板】窗口

在【控制面板】窗口中，可以对计算机系统的各种软硬件环境进行配置和管理。其中的【管理工具】可以对计算机进行管理。在【计算机管理】窗口(见图 4-8)中可以进行三方面的管理配置工作：系统工具管理、存储管理、服务和应用程序管理；可以查看系统、安全、应用程序等事件日志；可以进行本地用户或组的添加、删除、修改等(注意：作为域控制器，本地用户和组不能设置，一般在域模式下，为了安全起见不要启用本地用户)；也可以从这里进入到设备管理器；也可以对磁盘进行查看和管理；还可以对各种网络服务进行管理。

在【控制面板】窗口中双击【计划任务】选项，可以打开【任务计划】窗口，双击【添加任务计划】，会弹出一个添加【任务计划向导】对话框，如图 4-9 所示，按向导进行操作即可添加一个任务计划，到了计划时间时任务自动执行。

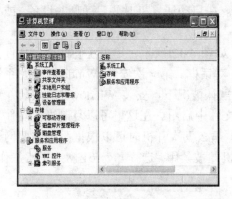

图 4-8　【计算机管理】窗口

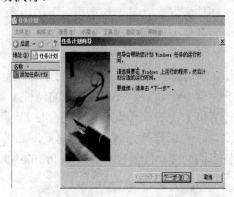

图 4-9　【任务计划向导】对话框

4.2　安装与设置硬件设备

4.2.1　系统属性

在【我的电脑】上单击鼠标右键，在弹出的快捷菜单中选择【属性】命令，会弹出【系统属性】对话框，其中有 6 个选项卡，【常规】选项卡可以显示计算机的操作系统版本、注册信息、CPU 和内存大小(见图 4-10)；【计算机名】选项卡可以更改计算机的名称和所属工作组或域；【硬件】选项卡可以对计算机的各种硬件进行配置、管理和控制。【高级】选项卡可以对计算机性能、用户配置文件、启动和故障恢复等进行设置，如图 4-11 所示；【自动更新】选项卡可以设置操作系统能否自动升级；【远程】选项卡可以设置计算机能否远程协助和是否可以通过远程桌面连接管理。

图 4-10　【常规】选项卡

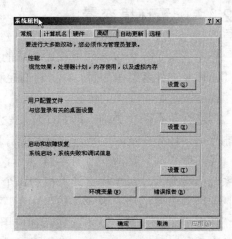

图 4-11　【高级】选项卡

4.2.2 硬件配置文件

硬件配置文件是一组指令，用于指示 Windows 在启动计算机时要启动哪些设备，或者每台设备要使用哪些设置。

在【系统属性】对话框的【硬件】选项卡中，如图 4-12 所示，单击【硬件配置文件】按钮，即可打开如图 4-13 所示的【硬件配置文件】对话框。第一次安装 Windows 时，系统将会创建一个名为"Profile 1"的硬件配置文件。默认情况下，安装 Windows 时安装在这台计算机上的每一台设备在"Profile 1"硬件配置文件中启用。在这里可以复制当前硬件配置文件，然后修改当前的硬件配置，如禁用网卡，那么下次开机时可以根据是否需要网卡选择不同的硬件配置文件，选择 Profile1 即网卡开机即被禁用，选择 mypro1 网卡正常工作。

图 4-12 【硬件】选项卡

图 4-13 【硬件配置文件】对话框

利用硬件配置文件可以快速切换不同的工作环境，可让使用者选择加载不同的硬件设备来启动计算机。这里要说明的是，上述操作必须以系统管理员的身份登录才可以完成。

4.2.3 配置环境变量

环境变量是一个包含环境相关信息的字符串，定义了操作系统和使用操作系统用户的诸如路径及文件名称等信息，并由它们控制着各种程序的行为。例如，TEMP 环境变量就指定了程序放置临时文件的位置。

环境变量有两个类别，即系统环境变量和用户环境变量。任何用户都可以添加、修改或删除用户环境变量。但是，只有系统管理员才能添加、修改或删除系统环境变量。

【环境变量】对话框如图 4-14 所示，分别单击【新建】按钮即可创建用户环境变量或者系统环境变量。对于特定计算机的每个用户来说，不同用户环境变量是不同的。该变量包括由用户设置的所有内容，以及由程序定义的所有变量(如指向程序文件位置的路径)。系统环境变量管理员可以更改或添加应用到系统(从而应用到系统中的所有用户)的环境变量。在安装过程中，Windows 安装程序会配置默认的系统变量，例如处理器数目和临时目录的位置等。

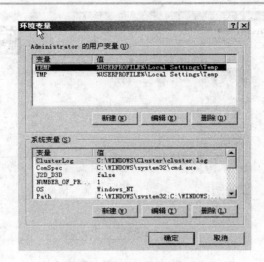

图 4-14　【环境变量】对话框

4.3　添加或删除 Windows 组件

使用【添加或删除程序】命令会帮助用户管理计算机上的程序，使用此命令，可以添加新的程序或更改、删除现有的程序，还可以使用【添加或删除程序】命令添加用户在最初安装时未安装的 Windows Server 2003 组件(例如【网络服务】)。

如果要安装 Windows Server 2003 组件，须以 Administrator 或 Administrator 组成员的身份登录计算机。如图 4-15 所示，选择【开始】|【设置】|【控制面板】|【添加或删除程序】命令，在打开的如图 4-16 所示的【添加或删除程序】对话框中单击【添加/删除 Windows 组件】按钮，打开【Windows 组件向导】对话框，如图 4-17 所示，组件列表中会列出一些组件(此列表中显示的 Windows 组件可能会因所运行的 Windows Server 2003 的版本而异)。

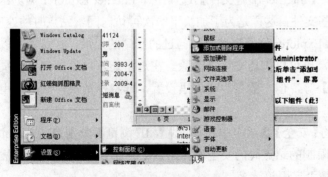

图 4-15　选择【添加或删除程序】命令　　　图 4-16　【添加或删除程序】对话框

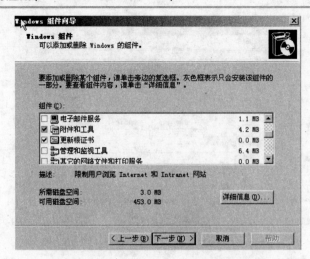

图 4-17 【Windows 组件向导】对话框

要添加组件，可选中相应的复选框。要删除组件，可取消选中相应的复选框。

注意：带底纹的复选框表示只能安装该组件的一部分。

要查看组件中的内容，请单击该组件，然后单击【详细信息】按钮。单击要添加的子组件旁边的复选框，将其选中，然后单击【确定】按钮。

如果无法使用【详细信息】按钮(呈灰色)，则表明该组件没有与其相关联的子组件。

4.4 配置 Internet 选项

要配置 Internet 选项，可以通过两种方式进入，一种方式是通过打开 Internet Explorer 浏览器窗口，选择【工具】|【Internet 选项】命令。另一种方式是选择【开始】|【设置】|【控制面板】命令，在打开的【控制面板】窗口中双击【Internet 选项】图标。

如图 4-18 所示，【Internet 选项】对话框的【常规】选项卡中的主页地址即是 Internet Explorer 打开时看到的网站首页。【Internet 临时文件】选项组即 Internet Explorer 浏览器浏览网页时临时存储在硬盘上的一些文件，这样是为了加快下一次再访问同一站点时的速度。【历史记录】选项组是指 Internet Explorer 浏览器曾经访问过的网站的记录，在这里可以设置网页保存在历史记录中的天数，也可以把历史记录清除。在这里还可以设置浏览网页时的【颜色】、【字体】、【语言】等，但一般很少在这里设置，非特殊情况，一般使用默认设置就可以。

在【Internet 选项】对话框中的【安全】选项卡中，可以设置 IE 浏览器分别访问 Internet、本地 Intranet、受信任的站点和受限制的站点时的安全设置，主要是 IE 浏览器打开一些插件时是直接启用还是禁用或者提示是否启用等。

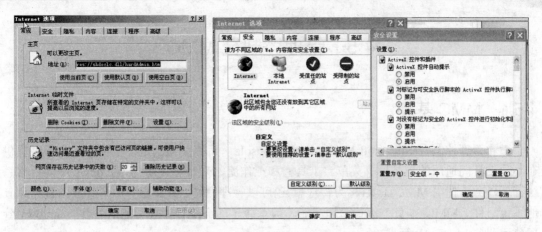

图 4-18　【Internet 选项】对话框

如图 4-19 所示，【Internet 选项】对话框中的【隐私】选项卡，主要是对 Cookie 的设置。所谓 Cookie，是指某些网站为了辨别用户身份、进行 session(会话)跟踪而储存在用户本地终端上的数据(通常经过加密)，服务器可以利用 Cookie 包含信息的任意性来筛选并经常性维护这些信息，以判断在 HTTP 传输中的状态。Cookie 最典型的应用是判定注册用户是否已经登录网站，用户可能会得到提示，是否在下一次进入此网站时保留用户信息以便简化登录手续。另一个重要应用场合是"购物车"之类的处理。如用户可能会在一段时间内在同一家网站的不同页面中选择不同的商品，这些信息都会写入 Cookie，以便在最后付款时提取信息。在这里可以根据具体情况对隐私策略进行设置，还可以在这个页面里设置弹出窗口阻止程序。

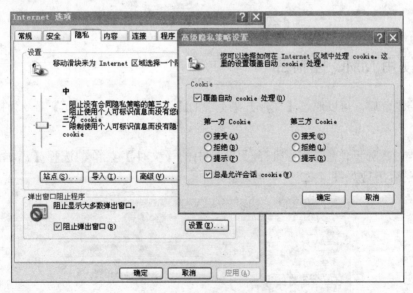

图 4-19　【隐私】选项卡

【Internet 选项】对话框中还有【内容】、【连接】、【程序】、【高级】选项卡，单击进入后的设置方法和前述类似，在此就不再一一赘述。

4.5 管理控制台 MMC

4.5.1 MMC 基础

微软管理控制台(Microsoft Management Console，简称 MMC)是一个框架，它通过提供在不同工具间通用的导航栏、菜单、工具栏和工作流，来统一和简化 Windows 中的日常系统管理任务。使用 MMC 工具(称为管理单元)可以管理网络、计算机、服务、应用程序和其他系统组件。MMC 本身不执行管理功能，但承载了能够执行管理功能的各种 Windows 管理单元和非 Microsoft 管理单元。

MMC 控制台的界面由两个窗格组成，左边是控制台的目录树，在此显示控制台目前可用的项目，右边的窗格是详细资料窗格，当在目录树中选择某选项时，此窗格将显示相应的详细信息，改变左边的选项，右边的详细资料将发生相应的改变。选择【开始】|【运行】命令，打开【运行】对话框，在【打开】文本框中输入 mmc 命令，即可打开 MMC 控制台窗口。

图 4-20 选择【开始】|【运行】命令

4.5.2 使用 MMC 控制台

打开控制台后，可以通过【文件】菜单中的【添加/删除管理单元】命令为控制台增加管理内容。

如图 4-21 所示，单击【控制台】窗口中的【文件】菜单，选择【添加/删除管理单元】命令后出现如图 4-22 所示的对话框：

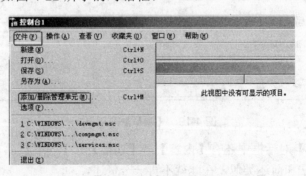

图 4-21 选择【添加/删除管理单元】命令

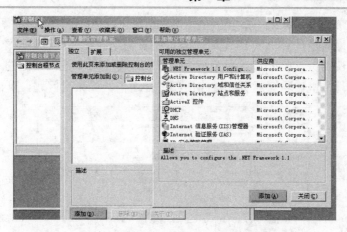

图 4-22　【添加/删除管理单元】对话框

在窗口中可以根据需要添加/删除相应的管理单元。管理控制台设置完成后可以保存下来以备下次直接管理相应单元,方法是在【文件】菜单中选择【保存】或【另存为】命令。

4.6　配置网络连接

4.6.1　检测 TCP/IP 是否安装与设置正常

在【开始】|【运行】对话框中执行"cmd"命令,然后在命令提示符下输入"ipconfig /all"命令可获得有关主机的所有配置信息,如图 4-23 所示,列出了全部的 TCP/IP 配置信息,包括主机名、IP 地址、DNS、MAC 地址等。

图 4-23　运行 ipconfig/all 命令后的结果

通常可以使用 ping 命令来测试连接正常与否,该命令采用向目的计算机的 IP 地址(或主机名)发送 ICMP 回应请求包的方式达到测试连接的目的。提供的目的计算机角色不同,获得的测试结果也不同。可以按以下方式进行测试。

(1)　ping 环回地址 127.0.0.1,验证是否在本地计算机上安装 TCP/IP 以及配置是否正确。

执行命令 ping 127.0.0.1，如果不成功，应安装和配置 TCP/IP 协议之后重新启动计算机。

(2) ping 本地其他计算机的 IP 地址，验证是否将当前计算机正确地添加到网络。

(3) ping 默认网关，验证默认网关是否运行以及能否与本地网络上的本地主机通信。

(4) ping 远程主机，验证能否通过路由器进行通信。如果有问题，可检查路由器配置。

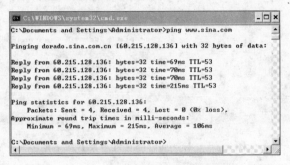

图 4-24　运行 ping 命令后的结果

如果没有安装 TCP/IP 协议，可以通过下列方式来安装。

在【网上邻居】图标上单击鼠标右键；选择【属性】命令，打开【本地连接 属性】对话框，选中【Internet 协议(TCP/IP)】复选框后单击【属性】按钮，如图 4-25 所示。

图 4-25　【本地连接 属性】对话框

在【Internet 协议(TCP/IP) 属性】对话框中指定 IP 地址和 DNS 服务器地址即可，如图 4-26 所示。

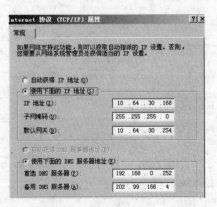

图 4-26　设置 TCP/IP 参数

4.6.2 连接因特网

主机接入 Internet 的方式可以有多种，如单机拨号，ISDN，xDSL，通过局域网连接等。具体在操作系统中需做的配置主要有以下几个。

拨号方式接入需要建立拨号连接：在【桌面】的【网上邻居】上单击鼠标右键，选择【属性】命令，在打开的【网络连接】对话框中单击【新建连接向导】图标，打开【新建连接向导】对话框，如图 4-27 所示。

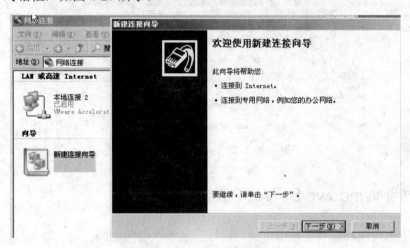

图 4-27 【新建连接向导】对话框

单击【下一步】按钮，在【网络连接类型】界面中选择【连接到 Internet】单选按钮，如图 4-28 所示。

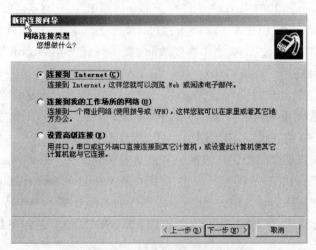

图 4-28 【网络连接类型】界面

单击【下一步】按钮，在【Internet 连接】界面中，根据不同情况进行不同设置，电话拨号上网时选第一项，xDSL 技术选第二项，其他情况选第三项。后续按照向导提示完成即可。

通过局域网接入 Internet，每台主机上只需设置好 IP 地址、子网掩码、缺省网关、DNS 等 TCP/IP 参数即可。

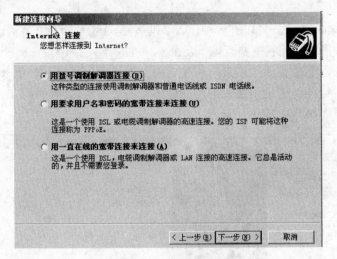

图 4-29 【Internet 连接】界面

4.6.3 激活 Windows Server 2003

目前由于盗版或其他非法使用形式，用户无法始终确保他们使用的是正版的 Windows Server 2003 操作系统。产品激活的目的就是为了减少随意复制或盗版软件。随意复制是不符合软件最终用户许可协议(或 EULA)的软件共享和安装，据估计，随意复制已占盗版安装的一半。Microsoft 开发了 Windows Server 2003 操作系统的"产品激活"程序，以帮助用户确保每个 Windows Server 2003 操作系统许可证都是按照 EULA 的规定安装的，而且安装的计算机台数未超过该产品 EULA 所限定的数目(通常为一台)。但要注意的是，Windows Server 2003 操作系统的批量授权版本不需要激活。要了解有关 Microsoft 授权策略的详细信息，请打开 EULA(最终用户许可协议)。查看 EULA，要在命令对话框中输入"eula.txt"。

在软件安装过程中，安装向导会提示用户输入产品密钥，该密钥通常位于 Windows Server 2003 操作系统光盘包装的背面。产品密钥由 25 个字符(字母或数字)代码组成，代码分为 5 组，每组 5 个字符(例如，BCDEF-12345-IJKLM-67890-OPQRS)。将产品密钥放在安全位置，不要与他人共享产品密钥。该产品密钥是安装和使用 Windows 的基础。

产品密钥还是产品 ID 的基础，产品 ID 是在安装 Windows Server 2003 家族的成员时创建的。每个已授权的 Windows Server 2003 操作系统副本都有唯一的产品 ID。该产品 ID 有 20 个字符，其排列方式为：XXXXX-XXX-XXXXXXX-XXXXX。它列在【我的电脑】的【系统属性】对话框中。

产品激活是完全匿名的。为了确保用户的隐私安全，硬件标识通过众所周知的"单向哈希"方法创建。要生成单向哈希，信息将通过某种算法来处理以创建新的字母数字字符串。

硬件标识将用于和产品 ID 一起来创建唯一的安装 ID。不管是通过 Internet 连接还是通过与 Microsoft 客户服务代表的口头交流选择了激活,该安装 ID 都是激活 Windows Server 2003 操作系统所要求的唯一信息。

如果通过 Internet 连接激活,则安装 ID 将自动被发送。当决定在 Internet 上激活时,Windows 产品激活向导将尝试通过 Internet 建立到 Microsoft 的联机连接。如果没有预订 Internet 服务提供商,但有连接到电话线的调制解调器,则向导将检测调制解调器并尝试直接连接到 Microsoft。

如果无法建立联机连接,则系统将提示用户通过电话联系客户服务代表。将在此信息中显示安装 ID。客户服务代表将询问用户是否通过电话读取安装 ID。或者自动电话应答系统将引导用户完成激活过程。

安装 ID 将产品 ID 的关联记录到计算机,然后发回确认信息。产品密钥现在可以被用来在该计算机上安装 Windows,次数不限。但是,如果需要使用该产品密钥在不同的计算机上安装 Windows,则可能需要通过电话与 Microsoft 客户服务代表联系。

除非激活了 Windows Server 2003 操作系统副本,否则始终会在其桌面状态栏的通知区域中显示“激活”图标,可以单击该图标启动激活。用户激活 Windows Server 2003 家族的成员之后,此图标将不会出现在通知区域。检查应用程序事件日志以验证是否已经激活。

在 EULA 中通常指定有宽限天数,用户需要在该时间段内激活 Windows Server 2003 操作系统产品的安装。如果宽限期已经过期而用户没有完成激活,将无法完成登录过程,终端服务器会话也不可用,需要管理员凭据才能重新激活。请注意,评估版本光盘和升级版本没有给予额外宽限期。可以在安全模式下登录以访问任何可用的数据。

4.7　实　践　训　练

任务:创建自己的管理控制台 MMC

任务目标:利用管理控制台(MMC)工具,定制自己的管理台,管理磁盘、服务、安全配置与分析等,并保存成 My-MMC.msc 文件。

包含知识:管理控制台的基本应用,磁盘的基本知识,服务的知识,系统安全的有关知识等。

实施过程:选择【开始】|【运行】命令,在【运行】对话框中输入“mmc”,单击【确定】按钮后打开管理控制台,在【文件】菜单中选择【添加/删除管理单元】命令,打开【添加/删除管理单元】对话框,从中可以添加磁盘管理、服务、IP 安全监视器、安全配置和分析等,如图 4-30 所示。

设置完毕,可以保存成一个.msc 后缀的文件,供以后直接打开使用。

常见问题解析:控制台的模式设置可以设成“作者模式”、“用户模式—完全访问”、“用户模式—受限访问(单窗口)”和“用户模式—受限访问(多窗口)”,这些模式中“作者模式”权限最大。其他各模式具体说明在选择的时候有相应提示,需仔细看清楚。

网络操作系统与应用(Windows Server 2003)

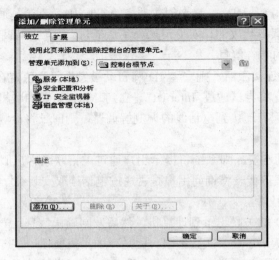

图 4-30 【添加/删除管理单元】对话框

4.8 习　　题

1. 安装一个显卡的驱动程序，更新网卡的驱动程序。
2. 配置显示器分辨率为 1024×768，颜色为 32 位真彩色，并查看显卡型号及显存大小。
3. 创建一个 ADSL 拨号连接，ADSL 帐号为 60214471@adsl，密码为 biem.cn。
4. 使用管理控制台进行磁盘管理。

第 5 章 磁 盘 管 理

教学提示

磁盘管理重点介绍了 Windows Server 2003 管理磁盘分区和卷的主要技术，包括基本磁盘和动态磁盘各自的特点，磁盘分区和动态卷的创建方法，磁盘配额的设置方法。

教学目标

通过本章学习，了解磁盘的基本概念，基本磁盘和动态磁盘的区别；掌握基本磁盘的主磁盘分区和扩展磁盘设置；熟练掌握创建动态磁盘、创建动态磁盘卷的方法及磁盘配额的设置方法。

5.1 磁盘的基本概念

磁盘在服务器中是一个非常重要的组件，在一些常见的服务器应用中，对磁盘系统的性能要求并不低于处理器。因此服务器磁盘的配置和维护对整个服务器性能会产生很大的影响。

5.1.1 什么是磁盘管理

磁盘管理是管理计算机上的磁盘、卷以及它们所包含分区的一项重要技术。网络管理员可以通过 Windows Server 2003 中的磁盘管理工具完成磁盘分区、卷的管理、磁盘配额管理和磁盘的日常管理工作，以此来保证用户和应用程序有足够的空间保存和使用数据及文件，并且保证数据和文件的安全性和可用性。

Windows Server 2003 提供了两种磁盘管理方式——基本磁盘和动态磁盘，并且提供了专门的磁盘管理工具。我们可以通过打开【计算机管理】窗口使用该工具；或者直接右键单击【我的电脑】图标，在弹出的快捷菜单中选择【管理】命令，也可以看到该工具，如图 5-1 所示。网络管理员可以通过管理工具来对本地磁盘进行各种管理操作。

1. 基本磁盘

Windows Server 2003 默认的硬盘管理方式为基本磁盘方式，一般个人计算机上管理磁盘都采用这种方式。当用户安装了一块新磁盘，Windows Server 2003 就会把这块磁盘作为基本磁盘进行配置。

基本磁盘使用磁盘分区的方式来进行磁盘管理。硬盘在存储数据前，必须把它分成一或多个分区，这就是磁盘分区。分区是在硬盘上没有被分区的空间上创建自由空间，是将一个物理硬盘划分成可以被格式化和单独使用的逻辑单元。基本磁盘包括主磁盘分区和扩展磁盘分区两种类型。其中主磁盘分区数量不超过 4 个，扩展磁盘分区最多只能有 1 个。

也就是我们最多创建 4 个主磁盘分区或者 3 个主磁盘分区加上 1 个扩展磁盘分区。另外，在扩展磁盘分区内，可以创建若干个逻辑驱动器。与每个磁盘最多创建 4 个主磁盘分区不同，每个磁盘上创建的逻辑驱动器数目不受限制，并且逻辑驱动器可以格式化和指派驱动器号。

基本磁盘功能较弱，适用于个人计算机或单硬盘的服务器。

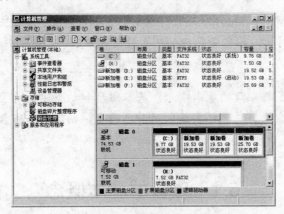

图 5-1　磁盘管理工具

2．动态磁盘

动态磁盘的最大优点是可以将磁盘容量扩展到非邻近的磁盘空间。动态磁盘不再使用分区或者逻辑驱动器划分，而是采用功能更强大的动态卷。所有动态磁盘上的卷都是动态卷。在动态磁盘上最多可以创建 2000 个动态卷，但是一般推荐使用 32 个或者更少的动态卷。

目前服务器主要采用动态磁盘的管理方式。

5.1.2　磁盘管理特性

Windows Server 2003 具有如下的磁盘管理特性。

（1）支持动态磁盘。动态磁盘包含的动态卷提供更多的功能，例如可以创建容错卷；在不重新启动计算机的情况下，除了系统或启动卷外，可以对动态卷进行扩展和镜像，并可以添加新的动态磁盘。

（2）装入的驱动器。使用磁盘管理，可以在本地 NTFS 卷上的任何空文件夹中连接或装入本地驱动器。装入的驱动器使数据更容易访问，并赋予用户基于工作环境和系统使用情况来管理数据存储。装入的驱动器不受 26 个驱动器号限制的影响，因此可以使用装入的驱动器在计算机上访问 26 个以上的驱动器。

（3）本地和远程管理。使用 Windows Server 2003 磁盘管理，可以远程管理网络中其他计算机上的磁盘。要管理连接到远程计算机的磁盘，用户必须同时是本地和远程计算机上的 Backup Operators 组或 Administrators 组的成员。另外，用户帐户和两台计算机都必须是相同的域或受信任的域中的成员。

（4）存储区域网络。在存储区域网络(SAN)环境中，为了获得更好的互操作性，在 Windows Server 2003 中，将新磁盘上的卷添加到系统中时，默认情况下将不会自动安装及指派驱动器号。如果系统检测到动态磁盘、可移动媒体设备以及磁盘选件(例如 CD-ROM 或 DVD-RAM)，会自动安装这些设备。

5.2　分区的创建与管理

分区就是把一个基本物理磁盘划分成若干部分。分区通常包括主磁盘分区和扩展磁盘分区。其中主磁盘分区不可再分，扩展磁盘分区还可以划分为若干逻辑驱动器。

磁盘分区前必须初始化整个磁盘。

5.2.1　创建主磁盘分区

创建主磁盘分区是使用基本磁盘的基础。

具体操作步骤如下。

(1) 在【磁盘管理】工具中，鼠标右键单击磁盘未分配空间，在弹出的快捷菜单中选择【新建磁盘分区】命令，如图 5-2 所示。

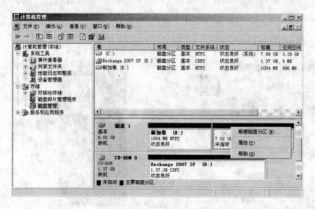

图 5-2　新建磁盘分区

(2) 打开图 5-3 所示的【新建磁盘分区向导】对话框，单击【下一步】按钮，出现如图 5-4 所示的【选择分区类型】界面，选择【主磁盘分区】单选按钮。

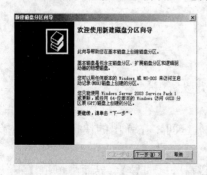

图 5-3　【新建磁盘分区向导】对话框

图 5-4　【选择分区类型】界面

（3）单击【下一步】按钮，打开如图 5-5 所示的【指定分区大小】界面，系统将提示可以使用的空间的最大值和最小值。

（4）单击【下一步】按钮，打开如图 5-6 所示的【指派驱动器号和路径】界面，为新建立的分区指定一个字母作为"驱动器号"，这里我们选择"F"。

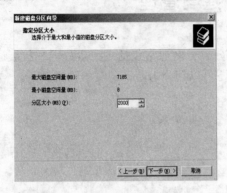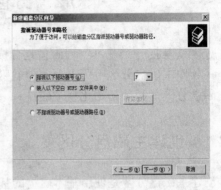

图 5-5　【指定分区大小】界面　　　图 5-6　【指派驱动器号和路径】界面

（5）单击【下一步】按钮，出现如图 5-7 所示的【格式化分区】界面，选择【按下面的设置格式化这个磁盘分区】单选按钮，选中【执行快速格式化】复选框。

（6）单击【下一步】按钮，出现如图 5-8 所示的【正在完成新建磁盘分区向导】界面，单击【完成】按钮，系统自动开始按照设置的参数创建新的分区。

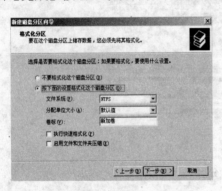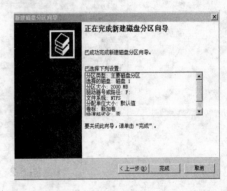

图 5-7　【格式化分区】界面　　　图 5-8　【正在完成新建磁盘分区向导】界面

5.2.2　创建扩展磁盘分区

1．创建扩展磁盘分区

创建扩展磁盘分区的方法与创建主磁盘分区类似。

具体操作步骤如下。

（1）在【磁盘管理】工具中，右击未分配磁盘空间，在弹出的快捷菜单中选择【新建磁盘分区】命令，如图 5-2 所示。

（2）同样在如图 5-3 所示的【欢迎使用新建磁盘分区向导】界面中单击【下一步】按钮，出现如图 5-9 所示的【选择分区类型】界面，选择分区类型，与创建主磁盘分区不同，

这一次我们选择【扩展磁盘分区】单选按钮。

(3) 单击【下一步】按钮，出现如图 5-10 所示的【指定分区大小】界面，这里我们设置分区大小为 2000MB。

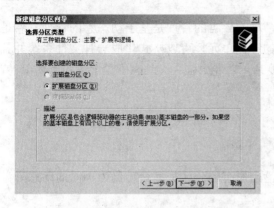

图 5-9　【选择分区类型】界面(1)

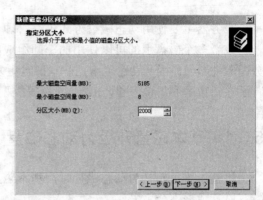

图 5-10　【指定分区大小】界面

(4) 单击【下一步】按钮，进入类似图 5-8 所示的【正在完成新建磁盘分区向导】界面(只是【已选择下列设置】文本框中变成对扩展磁盘分区的设置)，单击【完成】按钮，系统自动开始按照设置的参数创建新的分区。

2. 在扩展磁盘分区上创建逻辑驱动器

扩展磁盘分区创建完成后，就可以在扩展磁盘分区上创建逻辑驱动器了。

具体操作步骤如下。

(1) 右键单击"扩展磁盘分区"，在弹出的快捷菜单中选择【新建逻辑驱动器】命令，如图 5-11 所示。

(2) 在【欢迎使用新建磁盘分区向导】界面中单击【下一步】按钮，然后在出现的如图 5-12 所示的【选择分区类型】界面中，选择【逻辑驱动器】单选按钮。

(3) 以后的创建步骤与前述创建主磁盘分区和创建扩展磁盘分区基本类似，在【指定分区大小】界面设置要分配的磁盘空间，在【指派驱动器号和路径】界面选择驱动器号，在【格式化分区】界面中根据需要进行格式化，用户就可以顺利创建逻辑驱动器了。

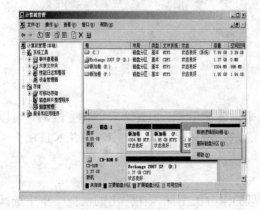

图 5-11　新建逻辑驱动器

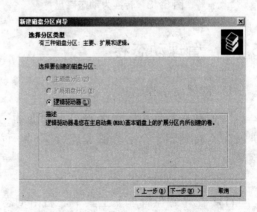

图 5-12　【选择分区类型】界面(2)

5.3　创建与管理动态磁盘

服务器主要使用动态磁盘方式进行管理，动态磁盘的管理是基于动态卷的管理。卷是一个或者多个磁盘上的可以使用的空间组成的存储单元，可以格式化成一种文件系统并且分配驱动器号。因此动态磁盘比基本磁盘更复杂，功能更强大。动态磁盘上的卷有简单卷、跨区卷、带区卷、镜像卷、RAID-5 卷等类型。

5.3.1　基本磁盘升级为动态磁盘

将基本磁盘转换为动态磁盘时，基本磁盘上原有的分区类型会转化为不同的动态磁盘卷，原有数据不会丢失。

具体操作步骤如下。

(1) 在【计算机管理】窗口中，单击【磁盘管理】选项，在左侧的磁盘分区上右键单击要转换为动态磁盘的基本磁盘【磁盘 1】，在弹出的快捷菜单中选择【转换到动态磁盘】命令，如图 5-13 所示。

(2) 在打开的【转换为动态磁盘】对话框中单击【确定】按钮，如图 5-14 所示，系统自动完成转换过程。

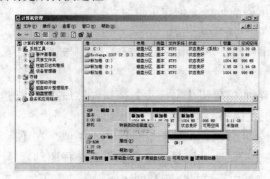

图 5-13　转换为动态磁盘

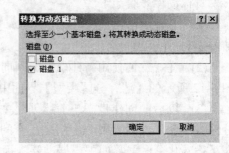

图 5-14　选择要转换的磁盘

5.3.2　管理动态卷

1. 创建简单卷

简单卷只能使用同一个磁盘上的连续空间来创建简单卷。但是，在创建完成后，可以扩展简单卷到同一个磁盘的非连续空间。简单卷能够被格式化为 FAT32 或者 NTFS 文件系统。

具体操作步骤如下。

(1) 在【磁盘管理】工具中，右击动态磁盘的未分配空间，在弹出的快捷菜单中选择【新建卷】命令，如图 5-15 所示。

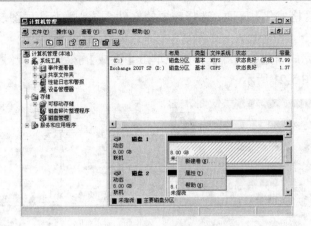

图 5-15　选择【新建卷】命令

(2) 在【欢迎使用新建卷向导】界面中，单击【下一步】按钮，如图 5-16 所示。

(3) 打开【选择卷类型】界面，选择【简单】单选按钮，单击【下一步】按钮，如图 5-17 所示。

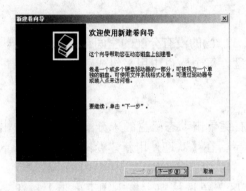

图 5-16　【欢迎使用新建卷向导】界面

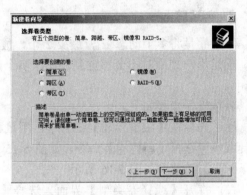

图 5-17　【选择卷类型】界面

(4) 打开【选择磁盘】界面，确定将简单卷建立在哪个磁盘上，并设置卷的大小，如图 5-18 所示，单击【下一步】按钮。

(5) 打开【指派驱动器号和路径】界面，为简单卷指派一个驱动器号，如图 5-19 所示，单击【下一步】按钮。

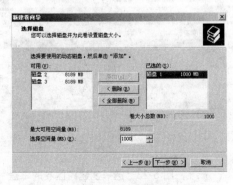

图 5-18　选择磁盘

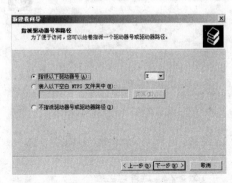

图 5-19　【指派驱动器号和路径】界面

(6) 打开【卷区格式化】界面，选择需要的文件系统和卷标，如图 5-20 所示，单击【下一步】按钮。

(7) 在【正在完成新建卷向导】界面中单击【完成】按钮，系统对简单卷进行格式化，最后显示的结果如图 5-21 所示。

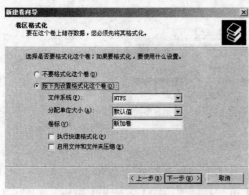

图 5-20　【卷区格式化】界面

图 5-21　创建完成的简单卷

2. 创建跨区卷

跨区卷是将多个动态磁盘(最少 2 个，最多 32 个)的没有分配的空间合并到一个逻辑卷中，但是用户使用时不会感觉到在使用多个磁盘。每个磁盘中用来组成跨区卷的空间可以不相同。

具体操作步骤如下。

(1) 同样在【磁盘管理】工具中，用鼠标右键单击动态磁盘的未分配空间，在弹出的快捷菜单中选择【新建卷】命令，如图 5-15 所示。在【欢迎使用新建卷向导】界面，单击【下一步】按钮，如图 5-16 所示。

(2) 打开【选择卷类型】界面，选择【跨区】单选按钮，单击【下一步】按钮，如图 5-22 所示。

(3) 打开【选择磁盘】界面，选择可以使用的动态磁盘添加到右侧的序列表中，并指定每个磁盘上使用的空间大小，如图 5-23 所示。

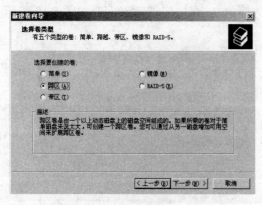

图 5-22　选择跨区卷

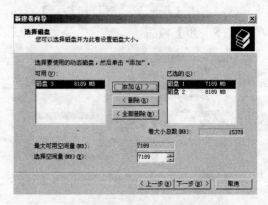

图 5-23　选择创建跨区卷的磁盘

(4) 在【指派驱动器号和路径】界面中，为跨区卷指派一个驱动器号，如图 5-19 所示。

(5) 在【卷区格式化】界面中，选择需要的文件系统和卷标，如图 5-20 所示。

(6) 完成向导后，结果如图 5-24 所示。

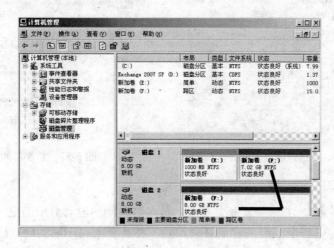

图 5-24　创建的跨区卷

3．对简单卷和跨区卷进行扩展

简单卷和跨区卷创建完成后，如果磁盘还有可用的空间，我们就可以扩展不是系统卷的简单卷或跨区卷。如果把简单卷扩展到另一个磁盘，那么实际上是创建了一个跨区卷。

具体操作步骤如下。

(1) 打开【计算机管理】窗口，单击【磁盘管理】工具。

(2) 右键单击要扩展的简单卷或者跨区卷(本例选择跨区卷)，在弹出的快捷菜单中选择【扩展卷】命令，如图 5-25 所示。

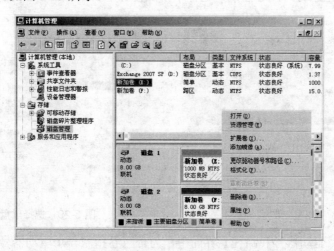

图 5-25　扩展卷

(3) 在【选择磁盘】界面中，选择要扩展的磁盘空间大小，如图 5-26 所示。

(4) 根据向导完成操作，结果如图 5-27 所示。

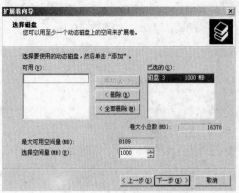

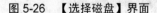

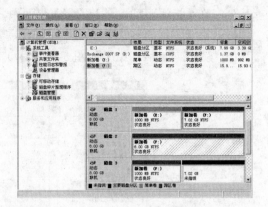

图 5-26 【选择磁盘】界面 　　　　　　　　图 5-27 扩展后的跨区卷

4．创建带区卷

带区卷也是将多个动态磁盘(最少 2 个，最多 32 个)的没有分配的空间合并到一个逻辑卷中，但是带区卷中每个成员的容量必须相同，并且要来自不同的物理磁盘。带区卷虽然具有很高的数据读写性能，但是它不支持容错功能。如果某一个成员区域发生故障，则整个带区卷的数据都会丢失。

具体操作步骤如下。

(1) 右击动态磁盘的未分配空间，在弹出的快捷菜单中选择【新建卷】命令，打开【欢迎使用新建卷向导】界面，单击【下一步】按钮。

(2) 在【选择卷类型】界面，选择【带区】单选按钮，单击【下一步】按钮，如图 5-28 所示。

(3) 在【选择磁盘】界面中，选择可以使用的动态磁盘添加到右侧的序列表中，如图 5-29 所示，要注意与跨区卷区别，选择单个磁盘容量 1000MB，卷大小总数是 2000MB。

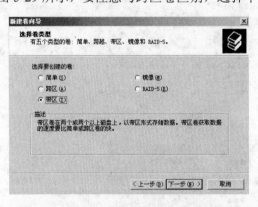

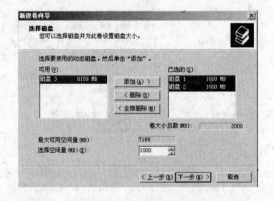

图 5-28 创建"带区"卷 　　　　　　　　图 5-29 选择磁盘和容量

(4) 在【指派驱动器号和路径】界面中，为带区卷指派一个驱动器号，参考如图 5-19 所示的内容。

(5) 在【卷区格式化】界面中，选择需要的文件系统和卷标，参考如图 5-20 所示的内容。

(6) 完成向导后，结果如图 5-30 所示。

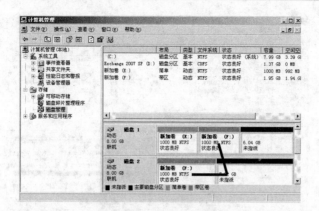

图 5-30　创建完成的带区卷

> **注意：** 在动态磁盘所有类型的卷中带区卷性能最高，但是带区卷没有容错能力，并且不能扩展和镜像。

5. 创建镜像卷

镜像卷是一种容错卷，它一般由两个物理磁盘上的空间组成。写入到镜像卷上的所有数据都会被复制到位于独立的物理磁盘上的两个镜像中。这样如果一个磁盘出现故障，用户仍然可以从另一个磁盘中读取数据，提高了数据的安全性。

具体操作步骤如下。

(1) 右键单击动态磁盘的未分配空间，在弹出的快捷菜单中选择【新建卷】命令，打开【欢迎使用新建卷向导】界面，单击【下一步】按钮。

(2) 在【选择卷类型】界面中选择【镜像】单选按钮，单击【下一步】按钮，如图 5-31 所示。

(3) 在【选择磁盘】界面中，选择可以使用的动态磁盘和需要的容量，如图 5-32 所示，镜像卷使用磁盘 1 和磁盘 2，选择单个磁盘容量 1000MB，卷大小总数是 1000MB。

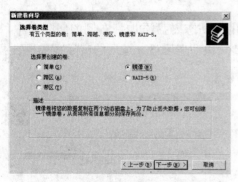

图 5-31　创建"镜像"卷

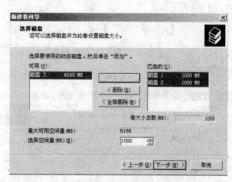

图 5-32　选择磁盘和容量

(4) 在【指派驱动器号和路径】界面中，为镜像卷指派一个驱动器号，参考如图 5-19 所示的内容。

(5) 在【卷区格式化】界面中，选择需要的文件系统和卷标，参考如图 5-20 所示的内容。

(6) 完成向导后，结果如图 5-33 所示。

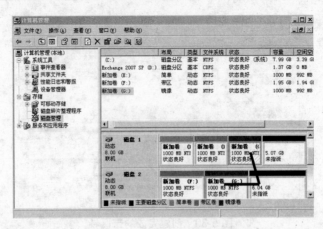

图 5-33　创建完成的镜像卷

> **注意：** 用做镜像卷的两个磁盘的空间大小一样，但是镜像卷利用两个磁盘总空间的 50%，所以卷的可以使用的空间大小是全部空间的一半。

6．创建 RAID-5 卷

　　镜像卷容错能力较好，但是磁盘空间利用率太低。RAID-5 卷也是一种容错卷，而且磁盘空间利用率高于镜像卷。RAID-5 卷的数据分布在 3 个或者更多磁盘组成的磁盘阵列中，当一块磁盘出现故障丢失数据时，可以利用其他磁盘中的数据和校验信息来恢复。RAID-5 卷不对存储的数据进行备份，它是把数据和相对应的奇偶校验信息存储到组成 RAID-5 卷的磁盘上。RAID-5 卷读取效率很高，但写入效率一般。

　　具体操作步骤如下。

　　(1) 右键单击动态磁盘的未分配空间，在弹出的快捷菜单中选择【新建卷】命令，打开【欢迎使用新建卷向导】界面，单击【下一步】按钮。

　　(2) 在【选择卷类型】界面中，选择 RAID-5 单选按钮，单击【下一步】按钮，如图 5-34 所示。

　　(3) 在【选择磁盘】界面中，选择可以使用的动态磁盘添加到右侧的序列表中，如图 5-35 所示，要注意创建 RAID-5 卷，至少需要三块动态磁盘，最后的实际容量是磁盘总容量的 2/3。

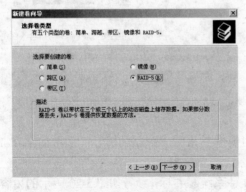

图 5-34　创建 RAID-5 卷

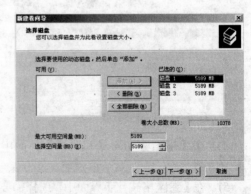

图 5-35　选择磁盘和容量

(4) 在【指派驱动器号和路径】界面中，为 RAID-5 卷指派一个驱动器号，参考如图 5-19 所示的内容。

(5) 在【卷区格式化】界面中，选择需要的文件系统和卷标，参考如图 5-20 所示的内容。

(6) 完成向导后，结果如图 5-36 所示。

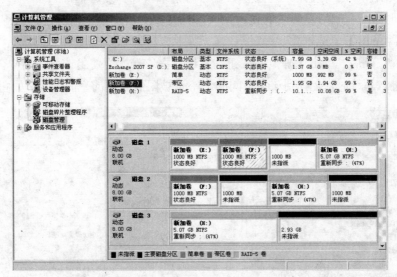

图 5-36　创建完成的 RAID-5 卷

5.4　磁盘配额的实现

Windows Server 2003 提供了磁盘配额功能来限制用户对磁盘空间的无限制使用。磁盘配额监视每一个用户的卷的使用情况，用户超过配额限制，必须删除或者移出一些文件之后，才能继续把其他文件写入卷。用户之间对磁盘空间的使用都不会相互影响，也就是说只要不超过配额限制，每个用户都可以在卷中保存文件。要在卷上启用磁盘配额，该卷的文件系统必须是 NTFS 格式。

5.4.1　启用和设置磁盘配额

网络管理员可以在服务器上启用磁盘配额管理，限制每个用户能使用的磁盘空间。

具体操作步骤如下。

(1) 在需要启用磁盘配额的卷上右击，在弹出的快捷菜单中选择【属性】命令，打开卷的属性对话框。

(2) 切换到【配额】选项卡，选中【启用配额管理】复选框，如图 5-37 所示。启用配额管理功能后，必须进行相应的设置。一般设置两个值：磁盘配额限制和磁盘配额警告等级。这里，我们把用户的磁盘配额限制为 100MB，并且把磁盘配额警告级别设为 80MB。选择【拒绝将磁盘空间给超过配额限制的用户】复选框，当用户占用磁盘空间达到 100MB

时就不能再使用新的磁盘空间，系统提示"磁盘空间不足"。用户使用卷容量超过 100MB 时，管理员希望系统在本地计算机的日志文件中记录该事件，选择【用户超出配额限制时记录事件】复选框。当用户使用容量超过 80MB 时，管理员希望系统在本地计算机的日志文件中记录该事件，选择【用户超过警告等级时记录事件】复选框。

如果管理员不限制用户对卷的使用空间，只是要对用户使用情况进行跟踪，可以选择【不限制磁盘使用】复选框。

(3) 设置完成后，单击【确定】按钮，系统扫描该卷，为使用该卷的用户创建配额项。当普通用户进入系统时，会看到该卷空间的大小是被限制使用的空间大小，如图 5-38 所示。

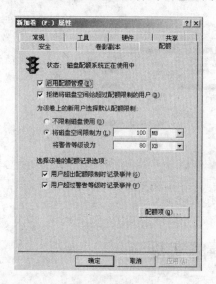
图 5-37 【配额】选项卡

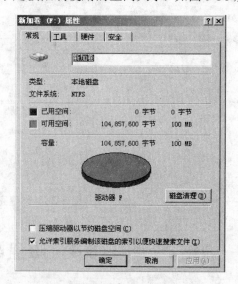
图 5-38 普通用户的磁盘空间

> **注意:** 只有 Administrator 组的用户有权使用磁盘配额，并且 Administrator 组的用户不受配额限制。启用卷的磁盘配额后，系统自动跟踪所有用户对卷的使用。系统按未压缩的文件大小跟踪文件，所以不能使用文件压缩来防止用户超过配额限制。

5.4.2　调整磁盘配额限制和警告级别

上述磁盘配额设置对所有用户是一样的，为了满足一些用户的特定需要，管理员可以为某个用户或者用户组单独设定磁盘配额。例如用户小王由于工作的特殊需要，分配给他的服务器磁盘空间 100MB 不够用，此时管理员可以单独修改小王的磁盘配额。

具体操作步骤如下。

(1) 右击设定磁盘配额的卷，在弹出的快捷菜单中选择【属性】命令，打开卷的【属性】对话框，切换到【配额】选项卡，单击【配额项】按钮，出现如图 5-39 所示的窗口。

(2) 右击窗口列表中需要修改磁盘配额的用户小王，在弹出的快捷菜单中选择【属性】命令，在弹出的【小王(JIAN\wang)的配额设置】对话框中，管理员就可以重新设置小王的磁盘空间限制和警告等级，如图 5-40 所示。

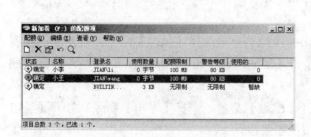

图 5-39　磁盘配额管理窗口　　　　　　　　图 5-40　修改用户的磁盘配额

5.4.3　删除磁盘配额项

如果用户在服务器上创建了多个文件，需要把这些文件全部移动到其他卷上，或者由于工作原因需要全部删除，可以使用删除用户磁盘配额的方法进行。

具体操作步骤如下。

(1) 打开磁盘配额项管理窗口，右键单击要操作的用户，在弹出的快捷菜单中选择【删除】命令，如图 5-41 所示。

(2) 弹出如图 5-42 所示的对话框。如果需要删除文件，单击【删除】按钮(只能删除用户文件，不能删除用户文件夹)；如果要使当前的操作者成为文件所有者，首先选择用户文件和文件夹，然后单击【取得所有权】按钮；如果需要把文件移动到新的位置，单击【浏览】按钮或者直接输入要移动到的目的路径，再单击【移动】按钮(只能移动文件，不能移动文件夹)。

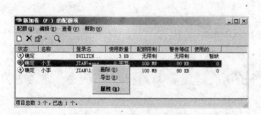

图 5-41　删除磁盘配额(1)　　　　　　　　图 5-42　删除磁盘配额(2)

5.4.4 导入和导出磁盘配额项目

在两台文件服务器上,根据共享的 NTFS 卷的需要实施相同的磁盘配额,管理员不必单独设置,可以通过磁盘配额的"导入/导出"命令,将一个卷的配额项复制到另一个卷中。

具体操作步骤如下。

(1) 右击设定磁盘配额的卷,在弹出的快捷菜单中选择【属性】命令,打开卷的【属性】对话框,切换到【配额】选项卡,单击【配额项】按钮,出现如图 5-39 所示的磁盘配额管理窗口。

(2) 选择要导出的磁盘配额项,打开【配额】菜单,选择【导出】命令。打开【导出配额设置】对话框,将选中的磁盘配额项设置保存。

(3) 将导出的配额文件复制到另一台服务器上,打开图 5-39 所示的磁盘配额管理窗口。

(4) 打开【配额】菜单,选择【导入】命令,如图 5-43 所示。在【打开】对话框中选择配额文件,单击【打开】即完成了操作。

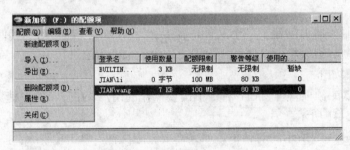

图 5-43　导入/导出磁盘配额

5.5　实　践　训　练

5.5.1　任务 1：基本磁盘管理

任务目标:了解一块硬盘最多可以建 4 个主分区或 3 个主分区加一个扩展分区;掌握在 Windows Server 2003 中增加主分区、扩展分区的操作;掌握在扩展分区中增加逻辑分区的操作。

包含知识:主分区、扩展分区、逻辑分区的概念和相关操作

实施过程:

(1) 在磁盘管理工具中,删除系统分区之外的所有逻辑驱动器和磁盘分区,使之成为未分配的磁盘空间。

(2) 在未分配的基本磁盘空间上创建一个新的主磁盘分区和一个扩展磁盘分区。

(3) 在创建的扩展磁盘分区上,创建两个逻辑驱动器。

(4)　在磁盘管理工具中，更改驱动器号和路径。

(5)　将磁盘重新格式化成 NTFS 文件系统。

常见问题分析：

由于在扩展分区中可以创建多个逻辑驱动器，因而在创建扩展分区时，并不为扩展分区指定逻辑驱动器号，也不进行格式化操作。

5.5.2　任务 2：动态磁盘管理

任务目标：了解动态磁盘与基本磁盘相比的优越性；掌握基本磁盘升级到动态磁盘的方法；掌握动态磁盘的管理。

包含知识：动态磁盘、简单卷、扩展卷、跨区卷、带区卷、镜像卷与 RAID-5 卷。

实施过程：

(1)　在虚拟机上添加三块新的硬盘。

(2)　将基本磁盘转化为动态磁盘。

(3)　创建简单卷、跨区卷、带区卷、镜像卷与 RAID-5 卷。

(4)　分别为简单卷和跨区卷扩展磁盘空间。

(5)　删除一块硬盘，检查镜像卷与简单卷、跨区卷、带区卷的区别。

常见问题分析：

当基本磁盘升级为动态磁盘后，所有的磁盘分区将变成简单卷。当升级完成后，只有将所有的卷删除后，才能降级为基本磁盘。在升级磁盘之前，必须先关闭从该磁盘运行的所有程序。

5.5.3　任务 3：磁盘配额管理

任务目标：理解磁盘配额用途，掌握磁盘配额的设置。

包含知识：磁盘配额的应用

实施过程：

(1)　创建两个普通用户 xiaoli，xiaowang。

(2)　启用磁盘配额，为新用户设置默认磁盘配额。

(3)　调整用户 xiaowang 的磁盘配额限制和警告级别。

(4)　以用户 xiaoli 登录系统，在设置了磁盘配额的卷上建立文件和文件夹。

(5)　以 Administrator 身份登录系统，删除 xiaoli 的磁盘配额。

(6)　在两个系统之间导出和导入磁盘配额项目。

常见问题分析：

Windows Server 2003 系统只有采用 NTFS 文件格式，才能使用"磁盘配额"功能。如果某卷没有被格式化为 NTFS 文件系统，或者如果用户不是 Administrators 组的成员，则该卷的【属性】对话框中不会显示【配额】选项卡，即无配额权限。

5.6 习　题

1. 选择题

(1) 一个基本磁盘最多有(　　)个主磁盘分区。

  A. 4   B. 3   C. 2   D. 1

(2) 将基本磁盘转换为动态磁盘,原来磁盘的内容(　　); 将动态磁盘转换为基本磁盘, 原来磁盘中的内容(　　)。

  A. 不变,不变   B. 不变,丢失

  C. 丢失,不变   D. 丢失,丢失

(3) 在动态磁盘的卷类型中,磁盘空间使用率最低的是(　　)。

  A. 简单卷   B. 带区卷   C. 镜像卷   D. RAID-5卷

(4) 在动态磁盘的卷类型中,数据读取性能最好的(　　)。

  A. 简单卷   B. 带区卷   C. 镜像卷   D. RAID-5卷

(5) 可以执行磁盘配额的组是(　　)。

  A. Users   B. Administrators

  C. Power Users   D. Backup Operators

(6) 将基本磁盘升级到动态磁盘以后,原来的逻辑分区成为(　　)。

  A. 简单卷   B. 跨区卷   C. 镜像卷   D. RAID卷

(7) 在动态磁盘中,具有容错功能的是(　　)。

  A. 简单卷和RAID-5卷   B. 带区卷和镜像卷

  C. 镜像卷和跨区卷   D. 镜像卷和RAID-5卷

(8) 在NTFS文件系统中,(　　)可以限制用户对磁盘的使用量。

  A. 活动目录   B. 磁盘配额   C. 文件加密   D. 稀松文件支持

(9) 扩展分区中可以包含一个或多个(　　)。

  A. 主分区   B. 逻辑分区   C. 简单卷   D. 跨区卷

(10) 基本磁盘包括(　　)。

  A. 主分区和扩展分区   B. 主分区和逻辑分区

  C. 扩展分区和逻辑分区   D. 分区和卷

2. 思考题

(1) 基本磁盘和动态磁盘相互转换有什么不同?

(2) 动态磁盘的卷类型有哪几种? 各有什么特点?

(3) 磁盘配额有什么作用?

第 6 章　管理文件系统和打印服务

教学提示

资源管理是 Windows Server 2003 常规管理的核心内容，本章主要介绍 Windows Server 2003 支持文件系统、NTFS 权限、文件夹共享、DFS 文件夹配置打印服务等。

教学目标

通过本章学习，应该了解 Windows Server 2003 文件系统；熟练掌握 NTFS 权限的设置；掌握共享文件夹的创建和访问；掌握配置打印服务的过程等。

6.1　Windows Server 2003 文件系统

文件系统是在硬盘上保存信息的格式。在所有的计算机系统中，都存在一个相应的文件系统，用以规定计算机对文件和文件夹进行操作处理的各种标准和机制。因此，用户所有对文件和文件夹的操作都是通过文件系统实现的。

计算机网络的最大特点是资源共享。作为网络管理员，要对服务器上的一些文件实现文件夹共享；但同时也要保护重要文件的安全，不被其他用户非法访问或者无意的破坏性操作，那么则需要进行 NTFS 权限设置。有时为了负载均衡，文件系统管理的资源可能保存在不同的计算机上，为了方便用户访问这些资源，Windows Server 2003 提供了分布式文件系统，它会自动提供用户从网络中的另一台计算机内读取文件。

文件系统包括文件命名、文件的存储和组织结构。对磁盘格式化，必须选择适合的文件系统。

Windows Server 2003 支持 3 种文件系统，它们是 FAT、FAT32 和 NTFS。下面对上述文件系统做简单介绍。

6.1.1　FAT 文件系统

FAT 是文件分配表系统(File Allocation Table)的简称。FAT 文件系统是一种供 MS-DOS 及其他 Windows 操作系统对文件进行组织与管理的文件系统。文件分配表是当用户使用 FAT 或 FAT32 文件系统对特定卷进行格式化时，由 Windows 所创建的一种数据结构。Windows 将与文件相关的信息存储在 FAT 中，以供日后获取文件时使用。

1. FAT 转换为 NTFS

FAT 采用 16 位的文件分配表，是微软较早推出的用于小型磁盘和简单文件结构的文件系统(从 DOS 时就开始应用)，具有高度兼容性，目前仍然比较广泛地应用于个人电脑尤其是移动存储设备中。FAT 管理的分区不超过 4GB，空间浪费现象比较严重。并且 FAT 文件系统是单用户文件系统，不支持任何安全性及长文件名。

Windows 95/98/2003/XP 等操作系统都支持 FAT 文件系统。如果用户的计算机运行的是 Windows 95 以前的版本，FAT 文件系统应该是最佳的选择。

2．FAT32 文件系统

FAT32 文件系统是在 FAT 基础上发展而来的，它采用 32 位的文件分配表。同 FAT 相比 FAT32 最大的优点是理论上支持的磁盘大小达到 2TB。基于 FAT32 的 Windows 2000/2003/XP 操作系统支持分区最大为 32GB，单个文件最大为 4GB。

FAT32 的另外一个重要的特点是完全支持长文件名。支持 FAT32 文件系统格式的操作系统有 Windows 95/98/2000/2003/XP。

6.1.2　NTFS 文件系统

NTFS(New Technology File System)文件系统从 Windows NT 时就开始使用了。它提供了 NTFS 权限、审核对象访问、加密、磁盘配额、动态磁盘等比 FAT 和 FAT32 文件系统更先进的高级功能。利用 NTFS 分区可以有效地提高 Windows Server 2003 文件系统的数据安全性、存储有效性以及磁盘空间的利用率。Windows Server 2003 文件系统在 NTFS 分区上可以利用 NTFS 权限和文件加密提高数据安全性和数据存储有效性，利用数据压缩和磁盘配额提高磁盘空间的利用率。

NTFS 文件系统具有如下特点。

(1)　支持分区容量大。NTFS 文件系统可以支持的基本磁盘的分区(或者动态磁盘的卷)最大可以达到 2TB，远大于 FAT 格式。

(2)　更好的磁盘压缩性能。NTFS 支持分区、文件夹和文件的压缩。任何基于 Windows 的应用程序对 NTFS 分区上的压缩文件进行读写时，不必事先由其他程序进行解压缩，而是在对文件读取时进行自动解压缩，文件关闭或保存时还会自动对文件进行压缩，这样可以提高磁盘的利用率。

(3)　NTFS 是一个可恢复的文件系统。在 NTFS 分区上用户必须运行磁盘修复程序的次数很少。NTFS 通过使用标准的事件处理日志和恢复技术来保证分区的一致性。一旦发生电源失效或者其他系统失败事件，NTFS 能帮助用户迅速恢复信息。

(4)　较高的磁盘利用率。NTFS 能够更有效地管理磁盘空间，避免磁盘空间的浪费。

(5)　严格的共享控制。在 NTFS 分区上，管理员可以为共享的文件夹和文件设置访问许可权限。这样不仅定义了对共享资源进行访问许可的组或用户，还对其设置了访问级别。访问许可权限的设置不但适用于本地计算机的用户，同样也适用于网络用户。

(6)　进行磁盘配额管理。如前所述，磁盘配额管理功能可以使管理员方便合理地为用户分配存储资源，避免由于磁盘空间使用的失控可能造成的系统崩溃，提高系统的安全性。

6.1.3　分区转换

1. FAT 转换为 NTFS

NTFS 包含了 Active Directory 及其他重要安全特性所需的各项功能。只有选择了 NTFS 作为文件系统，用户才可以使用 Active Directory 和基于域的安全性等特性。

在安装 Windows Server 2003 系统时，默认安装的磁盘分区为 NTFS 分区。如果安装完成后，某块磁盘是 FAT 或者 FAT32 格式，可以通过命令"convert 盘符/FS：NTFS"把它转换为 NTFS 格式。这种转换方式可以确保磁盘的文件完好无损。

具体操作步骤如下。

(1)　选择【开始】|【所有程序】|【附件】|【命令提示符】命令，打开命令行方式。

(2)　在命令提示符窗口中，输入"convert 盘符/FS：NTFS"。例如把 F 盘转换为 NTFS 格式，输入"convert F/FS：NTFS"就可以了(如果分区有卷标，会有提示输入卷标)，如图 6-1 所示。

图 6-1　利用 convert 命令进行格式转换

当然，我们还可以通过重新格式化的方式来进行转换，但是用这种方式进行转换时则原盘中的数据会丢失。

具体操作步骤如下。

(1)　右键单击需要转换的驱动器或者分区，在弹出的快捷菜单中选择【格式化】命令。

(2)　在【格式化】窗口的【文件系统】下拉列表框中选择 NTFS，然后单击【开始】按钮就可以完成转换，如图 6-2 所示。

2. NTFS 转换为 FAT

如果需要把 NTFS 格式恢复为 FAT 或 FAT32 格式，只能对驱动器或分区进行重新格式化(操作参考图 6-2，只是在【文件系统】下拉列表框中选择 FAT 或 FAT32)。特别需要注意的是，这样的操作会删除该分区中所有的数据！

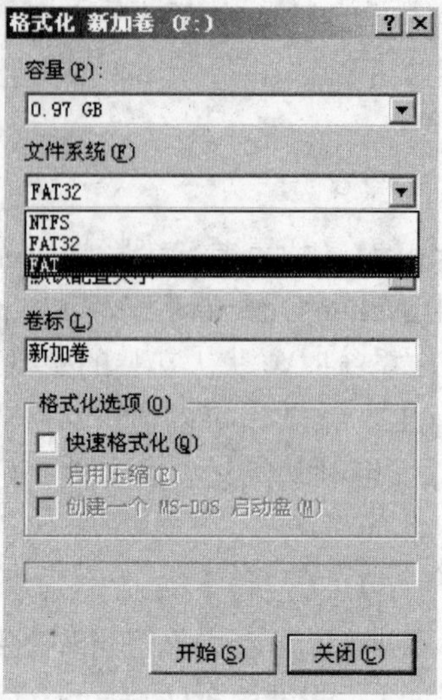

图 6-2　利用重新格式化分区进行格式转换

6.2　设置 NTFS 权限

为了预防可能的入侵和溢出，保障系统的安全性，Windows Server 2003 在 NTFS 磁盘上提供了 NTFS 权限。用户通过权限设置来允许或者禁止用户或组对文件或文件夹的各种操作，保证数据资源的安全。

6.2.1　NTFS 权限属性及类别

1. 管理 NTFS 权限

当授予用户或组访问某文件夹的 NTFS 权限，用户或者组成员可以访问该文件夹内部的资源。要正确有效地设置好系统文件或文件夹的访问权限，必须注意 NTFS 文件夹和文件权限具有的属性。

(1) 权限是累加的。一个用户的总体权限是所有准许用户使用或访问一个对象的权限的总和。例如，如果一个用户是同时属于 A、B 两个组的成员，通过 A 组成员身份获得对某文件或文件夹的"读取"权限，同时通过 B 组成员身份获得了"写入"权限。那么该用户对该文件或文件夹就具有 "读取"和"写入"的访问权限。

在实际应用中，为了简化管理，一般不把权限授予用户而是直接授予组，这样用户就具有与所在组相同的权限，提高了管理、分配权限的效率。

(2) 权限具有继承性。权限的继承性就是子文件夹在设置权限之前是继承其上一级文件夹设置的权限，也就是如果一个用户或者组对某一文件夹具有读取权限，那这个用户或者组对这个文件夹的子文件夹同样具有读取权限，除非子文件夹重新设置了权限，中断继承关系。

(3)　权限具有优先性。文件权限优先于文件夹权限。如果某个文件夹的权限是"读取"，我们可以为其下的文件设置权限为"完全控制"，这样对该文件的访问不受文件夹设置的权限限制。另外，"拒绝"权限优先于其他权限，如果一个用户同属于两个组，其中一个组对某一文件或文件夹具有"拒绝访问"的访问权限，另一个组对这一文件或文件夹具有"完全控制"的访问权限，那么用户对该文件或文件夹访问权限是"拒绝访问"。

(4)　访问权限和共享权限具有交叉性。当同一文件夹在为某一用户设置了共享权限，同时又为用户设置了该文件夹的访问权限，那么如果所设权限不一致时，用户的最终权限是最严格、最小的权限。

(5)　拒绝权限超越其他所有权限原则。当用户或组被授予了对某资源的拒绝权限，该权限将覆盖其他任何权限。即所谓"一票否决"，上述权限原则均失效。

2．NTFS 文件及文件夹权限

可以对文件和文件夹的 NTFS 权限选择不同类别，以此控制用户的访问。

(1)　文件的 NTFS 权限。

- 完全控制：允许用户执行全部 NTFS 文件权限允许的操作可以获得文件夹所有权。
- 修改：是具有修改、读取、删除文件以及读取运行应用程序。
- 读取及运行：允许用户读取文件及运行应用程序。
- 读取：允许用户读取文件内容、查看文件属性、所有者和权限等信息。
- 写入：允许用户写入文件内容，修改文件属性，查看文件所有者及权限信息。

(2)　文件夹的 NTFS 属性。

- 完全控制：用户具有全部权限，可以更改文件夹权限，可以获得文件夹所有权。
- 修改：用户可以写入、读取执行、删除文件夹和文件。
- 读取及运行：允许用户读取文件及运行文件夹中的应用程序。
- 列出文件夹目录：用户可以查看文件和文件夹列表，不能打开文件，可以查看文件夹属性、权限设置、所有者等信息。
- 读取：用户除具有"列出文件夹"权限外，还可以打开其中的文件。
- 写入：用户可以创建文件和文件夹、修改文件夹属性，查看文件夹所有者及权限信息。
- 特殊权限：用户能够更精确地指派权限，以便满足各种不同的权限需求。

6.2.2　复制、移动与 NTFS 权限的变化

文件从一个文件夹复制到另一个文件夹时，无论文件被复制到同一个 NTFS 卷或分区，还是不同的 NTFS 卷或分区，操作者相当于创建了一个新的文件，该文件的权限是继承目的文件夹的权限，如图 6-3 所示。

文件从某个文件夹移到到另一个文件夹时，如图 6-4 所示，分为以下两种情况。

(1)　如果是同一个 NTFS 卷或分区内移动，则仍保留原有的权限。

(2)　如果是不同 NTFS 卷或分区间移动，操作者相当于创建了一个新的文件，其权限继承目的文件夹的权限。

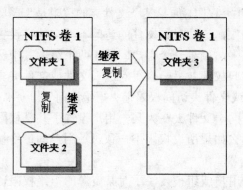

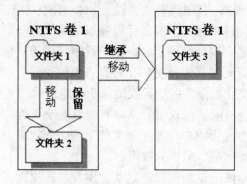

图 6-3　在 NTFS 卷中复制文件或文件夹　　　图 6-4　在 NTFS 卷中移动文件或文件夹

6.3　管理共享文件夹

共享可以使计算机中的资源(文件夹或者打印机)能够被其他用户分享。所谓共享文件夹就是为实现计算机软件资源共享而设置的一种文件夹。通过共享文件夹，网络中拥有权限的用户可以访问其中的文件和文件夹资源。

6.3.1　创建共享文件夹

在 Windows Server 2003 系统中只有 Administrator 组、Server Operators 组或者 Power Users 组的成员才有权限创建共享。对一个文件夹，可以使用多个共享名创建多个共享，共享文件夹的创建方式很多。

方法一：

(1) 打开【计算机管理】窗口，在控制台树中展开【共享文件夹】，右键单击【共享】，在弹出的快捷菜单中选择【新建共享】命令，如图 6-5 所示。

(2) 在欢迎界面单击【下一步】按钮，打开如图 6-6 所示【文件夹路径】界面，输入要建立共享的文件夹的路径。

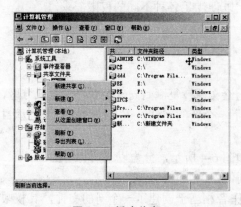

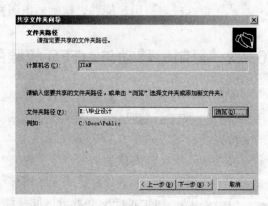

图 6-5　新建共享　　　　　　　　　　图 6-6　文件夹路径界面

（3）单击【下一步】按钮，打开如图 6-7 所示的【名称、描述和设置】界面，输入【共享名】、【共享路径】和【描述】。

（4）单击【下一步】按钮，打开如图 6-8 所示的【权限】界面，选择共享权限，单击【完成】按钮即可完成共享创建。

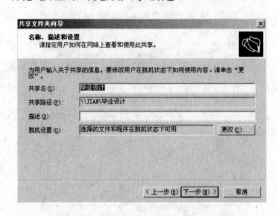

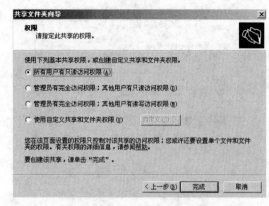

图 6-7　【名称、描述和设置】界面　　　　图 6-8　【权限】界面

方法二：

（1）在【资源管理器】中右击要建立共享的文件夹（或者直接找到要建立共享的文件夹上右击），在弹出的快捷菜单中选择【属性】命令，如图 6-9 所示。

（2）在【科研项目 属性】窗口中，切换到【共享】选项卡，然后设置【共享名】和【用户数限制】，如图 6-10 所示。

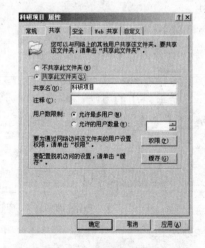

图 6-9　在资源管理器中新建共享　　　　图 6-10　设置共享名和用户数

（3）单击【应用】按钮，对话框中出现【新建共享】按钮，如图 6-11 所示。

（4）单击【新建共享】按钮，出现【新建共享】对话框，可以新建共享名。如图 6-12 所示。

（5）单击【新建共享】对话框中的【权限】按钮，弹出【权限】对话框，如图 6-12 所示，选择用户权限，单击【确定】按钮，完成设置。

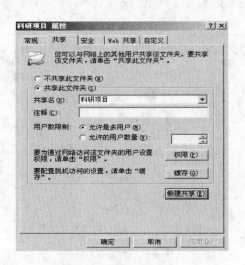

图 6-11　重新建立共享

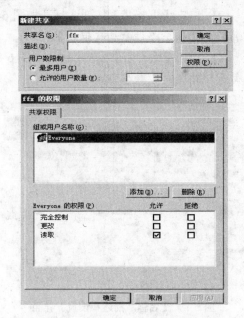

图 6-12　新建共享和设置共享权限

6.3.2　访问共享资源

为了获取共享网络资源，我们需要访问共享文件夹。下面介绍几种访问共享文件夹的方法。

方法一：

双击桌面上【网上邻居】图标，打开【网上邻居】窗口，找到共享文件夹所在的计算机；双击打开该计算机，输入用户在该计算机上的帐户名和密码，就可以访问共享文件夹了。这是最常用的方法。但是这种方法有一个缺点：如果共享文件夹的共享名最后一个字符是"$"，那么该资源是隐藏资源，用这种方法不能访问。

方法二：

选择【开始】|【运行】命令，打开【运行】对话框，在【打开】文本框中输入网络路径，格式是：\\计算机名称或计算机的 IP 地址\共享文件夹名。也可以在资源管理器的地址栏输入。这种方法可以访问隐藏资源。

方法三：

通过映射网络驱动器方法访问：右键单击【我的电脑】图标，在弹出的快捷菜单中选择【映射网络驱动器】命令，在如图 6-13 所示的【映射网络驱动器】对话框中输入目标文件夹、访问时使用的用户名和密码。单击【完成】按钮就可以了。

设置完成后，在【我的电脑】中会出现相应的映射驱动器，如图 6-14 所示，双击该驱动器就可以访问共享文件夹了。这种方法适用于需要经常访问的共享文件夹。

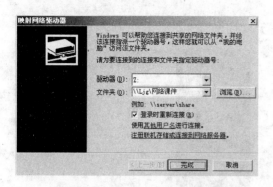

图 6-13　映射网络驱动器

图 6-14　映射网络驱动器的结果

6.3.3　分布式文件系统概述

分布式文件系统(DFS)是指文件系统管理的资源不一定在本计算机上,而是分布在网络中不同结点上,并且通过计算机网络相连。通过分布式文件系统,系统管理员可以将文件分散地存储到网络上的多台计算机内,但是对于用户来说,这些文件好像仅存储在一个地点。也就是说,这些文件被存储在多台计算机中,用户通过 DFS 阅读文件时,DFS 就会自动给用户从其中一台计算机内读取文件,用户并不需要知道这些文件的真正存储地点在哪里。

分布式文件系统有如下特性。

(1)　容易访问文件。分布式文件系统使用户可以更容易地访问文件。即使文件可能在物理上分布于多个服务器上,用户也只需转到网络上的一个位置即可访问文件。而且,当用户更改目标的物理位置时,不会影响用户访问文件夹。因为文件的位置看起来相同,所以用户仍然以与以前相同的方式访问文件夹。用户不再需要多个驱动器映射即可访问他们的文件。最后,计划的文件服务器维护、软件升级和其他任务(一般需要服务器脱机)可以在不中断用户访问的情况下完成。

(2)　可用性。在以后涉及的域中,分布式文件系统确保用户可以保持对文件的访问。分布式文件系统名称空间对于域中所有服务器上的用户是可见的。另外,管理员可以复制分布式文件系统的根目录和目标。这样,即使在保存这些文件的某个物理服务器不可用的情况下,用户仍然可以访问他们的文件。

(3)　文件和文件夹安全。共享的资源分布式文件系统管理使用标准 NTFS 和文件共享权限,管理员可使用以前的安全组和用户帐户以确保只有授权的用户才能访问敏感数据。

(4)　服务器负载平衡。分布式文件系统的根目录可以支持物理上分布在网络中的多个目标。和所有用户都在单个服务器上以物理方式访问此文件从而增加服务器负载的情况不同,分布式文件系统可确保用户对某文件的访问分布于多个服务器。

创建分布式文件系统根目录时,可以选择"独立的根目录"或"域根目录"。这里我们介绍一下独立的根目录的创建。

具体操作步骤如下。

(1)　选择【开始】|【管理工具】|【分布式文件系统】命令,打开【分布式文件系统】管理控制台窗口,右键单击控制台树中的【分布式文件系统】,在弹出的快捷菜单中选择

【新建根目录】命令，如图 6-15 所示。

(2) 在如图 6-16 所示的【新建根目录向导】欢迎界面中单击【下一步】按钮。

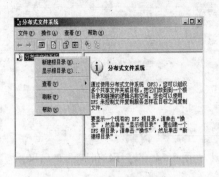

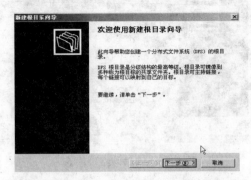

图 6-15　新建根目录　　　　　　　　　　　图 6-16　【新建根目录向导】欢迎界面

(3) 打开如图 6-17 所示【根目录类型】界面，选择【独立的根目录】单选框，单击【下一步】按钮。

(4) 打开如图 6-18 所示【主服务器】界面，输入服务器名，单击【下一步】按钮。

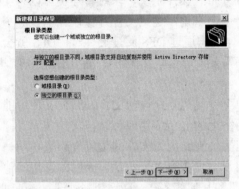

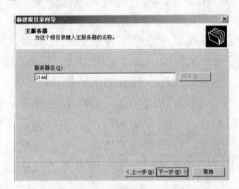

图 6-17　【根目录类型】界面　　　　　　　　图 6-18　【主服务器】界面

(5) 打开如图 6-19 所示【根目录名称】界面，输入根目录名称，单击【下一步】按钮。

(6) 打开如图 6-20 所示【根目录共享】界面，输入共享的文件夹名称，单击【下一步】按钮。

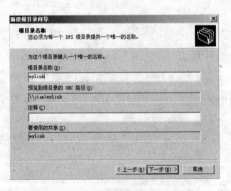

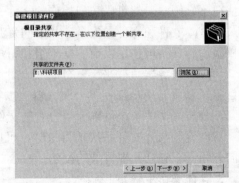

图 6-19　【根目录名称】界面　　　　　　　　图 6-20　【根目录共享】界面

(7)　在如图 6-21 所示界面中，单击【完成】按钮，就完成了创建。

(8)　如果要添加分布式文件系统的链接，可以在【分布式文件系统】管理控制台窗口的控制台树中，右击分布式文件系统下的目录，在弹出的快捷菜单中，选择【新建链接】命令，如图 6-22 所示。

图 6-21　新建根目录向导完成界面

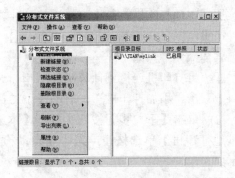
图 6-22　选择【新建链接】命令

(9)　在打开的【新建链接】对话框中输入链接名称、链接路径(也可以单击【浏览】按钮从可以使用的共享文件夹列表中选择)，如果需要进一步说明，则输入注释，输入客户端缓存这个引用所需要的时间，如图 6-23 所示。

(10) 链接完成后，就可以使用该分布式文件系统访问文件或文件夹了，如图 6-24 所示。

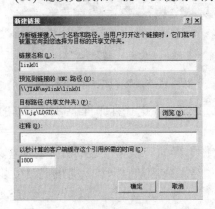
图 6-23　新建链接

图 6-24　分布式文件系统使用

6.4　配置打印服务

Windows Server 2003 系统为用户提供了强大的打印管理功能，用户可以在网络上共享打印资源。

6.4.1　安装与共享打印机

根据打印机的不同类型，管理员可以安装两种打印机：本地打印机和网络打印机。它的安装是通过"添加打印机向导"来完成的。

6.4.2 安装本地打印机

所谓本地打印机就是指直接连接到计算机某个端口(LTP 端口、USB 端口或者 IR 端口)的打印机。

具体操作步骤如下。

(1) 将打印机连接到计算机的端口。选择【开始】|【打印机和传真】命令,在打开的窗口中双击"添加打印机",启动【添加打印机向导】的欢迎界面,如图 6-25 所示。

(2) 单击【下一步】按钮,打开【本地或网络打印机】界面,选择【连接到此计算机的本地打印机】单选按钮,选中【自动检测并安装即插即用打印机】复选框,如图 6-26 所示。

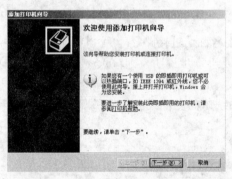 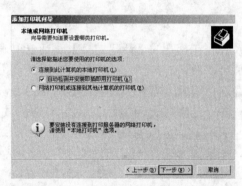

图 6-25 【添加打印机向导】欢迎界面　　　图 6-26 【本地或网络打印机】界面

(3) 单击【下一步】按钮,打开【选择打印机端口】界面,选择打印机端口为:LTP1,如图 6-27 所示。

(4) 单击【下一步】按钮,打开【安装打印机软件】界面,根据安装的打印机类型选择驱动程序。可以在列表中选择对应的打印机厂商和型号,或者从打印机附带的磁盘安装,如图 6-28 所示。

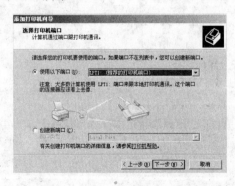 

图 6-27 【选择打印机端口】界面　　　图 6-28 【安装打印机软件】界面

(5) 单击【下一步】按钮,打开【命名打印机】界面,为方便进行管理,为打印机命名,打印机名不超过 31 个字符,如图 6-29 所示。

(6)　单击【下一步】按钮，打开【打印机共享】界面，共享该打印机，指定共享名，如图 6-30 所示。

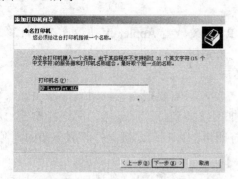

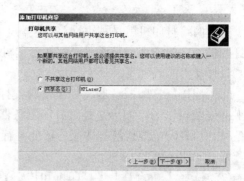

图 6-29　【命名打印机】界面　　　　　　　图 6-30　【打印机共享】界面

(7)　单击【下一步】按钮，打开【位置和注释】界面，输入打印机的位置和注释信息，如图 6-31 所示。

(8)　单击【下一步】按钮，打开【打印测试页】界面，如果需要测试，选择【是】单选按钮，如图 6-32 所示。

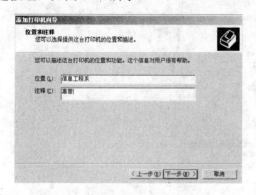

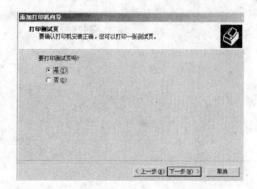

图 6-31　【位置和注释】界面　　　　　　　图 6-32　【打印测试页】界面

(9)　单击【下一步】按钮，打开【正在完成添加打印机向导】界面，单击【完成】按钮，本地打印机安装成功，如图 6-33 所示。可以在【打印机和传真】窗口中看到成功安装的打印机，如图 6-34 所示。

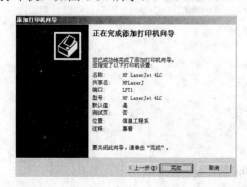

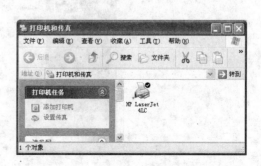

图 6-33　【正在完成添加打印机向导】界面　　　　　　图 6-34　完成安装

6.4.3 安装网络打印机

所谓网络打印机就是利用网络适配器，使用 IP、IPX 或者 Appletalk 协议连接到计算机的打印机。它的安装也是通过"添加打印机向导"来完成。

具体操作步骤如下。

(1) 连接好打印服务器。如果是内置打印服务器，只需要把内置打印服务器插好，再连上网线就可以了。如果是外置打印服务器，要把网线插到打印服务器的网络接口上，用一条并行口打印电缆连接打印服务器的并行口和打印机的并行口，接上打印服务器的电源。设置好打印服务器的 IP 地址。

(2) 选择【开始】|【打印机和传真】命令，在打印机和传真窗口中双击【添加打印机】链接，启动【添加打印机向导】的欢迎界面。单击【下一步】按钮，打开【本地或网络打印机】界面，仍然选择【连接到此计算机的本地打印机】(因为打印机虽然通过网络接口连接，但是还是由本服务器管理)，取消选中【自动检测并安装即插即用打印机】复选框。

(3) 单击【下一步】按钮，打开【选择打印机端口】界面，选择【创建新端口】单选按钮，在【端口类型】中选择"Standard TCP/IP Port"，如图 6-35 所示。

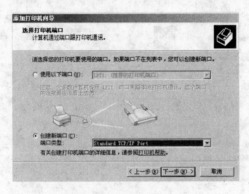

图 6-35 创建新端口界面

(4) 单击【下一步】按钮，打开【欢迎使用添加标准 TCP/IP 打印机端口向导】界面，如图 6-36 所示。

图 6-36 添加标准 TCP/IP 打印机端口向导

(5) 单击【下一步】按钮，打开【添加端口】界面，输入打印机名或 IP 地址，以及设

备的端口号，如图 6-37 所示。

(6) 单击【下一步】按钮，打开【正在完成添加标准 TCP/IP 打印机端口向导】界面，如图 6-38 所示，单击【完成】按钮，进入【安装打印机软件】界面，以后操作类似于本地打印机安装，这里不再详述了。

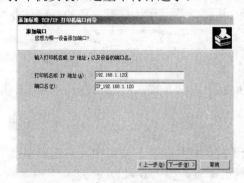

图 6-37　【添加端口】界面　　　图 6-38　【正在完成添加标准 TCP/IP 打印机端口向导】界面

6.4.4　客户端使用网络打印机

在成功安装打印机后，并且打印机共享到了网络中，其他用户只需要通过网络连接到共享打印机就可以了。

具体操作步骤如下。

(1) 选择【开始】|【打印机和传真】命令，在【打印机和传真】窗口中双击【添加打印机】链接，启动【添加打印机向导】的欢迎界面。单击【下一步】按钮，打开【本地或网络打印机】界面，这次选择【网络打印机。或连接到另一台计算机的打印机】单选按钮，如图 6-39 所示。

(2) 单击【下一步】按钮，打开【指定打印机】界面，通过浏览找到网络上的共享打印机或者直接输入打印机的网络路径，如图 6-40 所示。

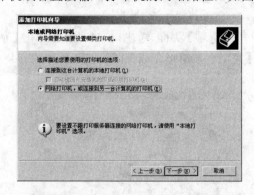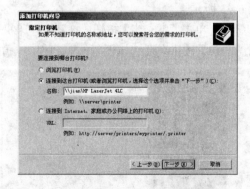

图 6-39　【本地或网络打印机】界面　　　图 6-40　【指定打印机】界面

(3) 单击【下一步】按钮，用户输入网络服务器上的帐户和密码，然后在【默认打印机】界面中确定是否将本地打印机设定为默认打印机，最后完成安装。

另外，客户机还可以通过【网上邻居】添加打印机，浏览找到网络中共享的打印机后，右击打印机图标，在弹出的快捷菜单中选择【连接】命令即可。

6.4.5 管理打印驱动程序

打印驱动程序是实现计算机程序与打印机通信的软件，负责将计算机发送的打印作业翻译成打印机可以理解的命令的程序。

1. 更新打印驱动程序

作为管理员，应该经常访问打印机设备制造商网站，下载最新的打印机驱动程序，对原来的驱动程序进行更新。

具体操作步骤如下。

(1) 选择【开始】|【打印机和传真】命令，在【打印机和传真】窗口中，右击要更新驱动程序的打印机，在弹出的快捷菜单中选择【属性】命令，如图 6-41 所示。

(2) 在打开的【属性】对话框中切换到【高级】选项卡，如图 6-42 所示。

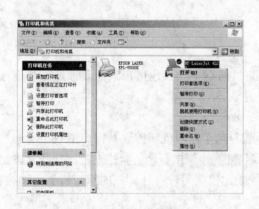

图 6-41 打印机快捷菜单

图 6-42 【高级】选项卡

(3) 单击【新驱动程序】按钮，打开【欢迎使用添加打印机驱动程序向导】界面，如图 6-43 所示。

(4) 单击【下一步】按钮，打开【打印机驱动程序选项】界面，如图 6-44 所示，单击【从磁盘安装】按钮直接选择更新的驱动程序。单击【完成】按钮将完成打印机驱动程序的安装。

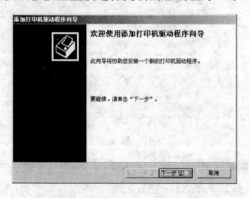

图 6-43 添加打印机驱动程序向导

图 6-44 打印机驱动程序选项

2．设置打印默认值

在打印机上设置默认值，那么该默认值将成为连接到打印机的任何用户的默认设置。这些默认值包括页面方向、页序和打印页数。

具体操作步骤如下。

（1）打开【打印机和传真】窗口，右击要设置默认打印首选项的打印机，在弹出的快捷菜单中选择【属性】命令。

（2）在【属性】对话框的【高级】选项卡中单击【打印默认值】按钮。

（3）在如图 6-45 所示的【打印默认值】界面中进行设置。

3．设置打印机使用时间

设置打印机的使用时间可以限制用户在规定时间内使用打印机。

具体操作步骤如下。

（1）打开【打印机和传真】窗口，右击要设置默认打印首选项的打印机，在弹出的快捷菜单中选择【属性】命令。

（2）在【属性】对话框的【高级】选项卡中选择【使用时间从】单选按钮，输入用户可以使用打印机的时间，单击【应用】按钮，如图 6-46 所示。

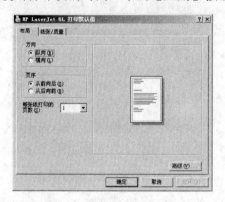

图 6-45　打印默认值对话框　　　　　　图 6-46　设置打印机的打印时间

4．管理打印文档

通过管理打印文档可以暂停或继续打印、重新从头开始打印文档、删除文档、查看和更改文档设置等。

双击打印机就能打开"打印机文档管理器"，管理员和用户可以根据权限进行对打印文档的管理，如图 6-47 所示。

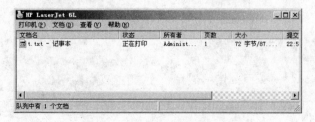

图 6-47　打印机文档管理器窗口

6.4.6 管理打印服务器(设置优先级、打印池)

1. 设置打印机优先权

管理员建立了多个逻辑打印机,并且设定让有紧急任务的用户连接优先级高的打印机。但是每个用户都喜欢使用优先级高的打印机。为了解决这一问题,我们可以对不同用户设置不同的共享打印机的使用权限,把优先级高的打印机只提供给特定用户使用。

具体操作步骤如下。

(1) 以 Administrator 身份登录打印机服务器,打开【打印机和传真】窗口,右击一台逻辑打印机,在弹出的快捷菜单中选择【属性】命令,在【属性】对话框中切换到【高级】选项卡,把该打印机的优先级设置为"1",单击【确定】按钮,如图 6-48 所示。

(2) 再次打开【属性】对话框,切换到【安全】选项卡。单击【添加】按钮,添加可以使用该计算机的组和用户。选中不同用户,设置不同权限,如图 6-49 所示。例如我们允许小李使用该优先级最高的打印机,但是拒绝小王使用。

图 6-48 设置打印机优先级

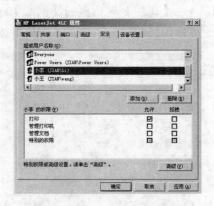

图 6-49 设定用户权限

(3) 同理设置另一台逻辑打印机优先级为 99,并且为不同用户设置不同权限。例如允许小李、小王都可以使用优先级低的打印机。

(4) 当用户小李登录时可以连接两台共享打印机如图 6-50 所示,而用户小李登录时只能连接一台共享打印机,如图 6-51 所示。

图 6-50 具有两台打印机使用权限

图 6-51 只有一台打印机使用权限

2. 设置打印池

打印池是一台逻辑打印机，它通过打印服务器的多个端口连接多台打印机，处于空闲状态的打印机可以发送到打印池的下一份文档。管理员可以通过创建打印池将用户作业自动分发到下一台可用的打印机。用户不需要检查目前哪一台打印机可以使用。

打印池不仅可以减少用户等待文档打印的时间，还可以简化管理员的管理。

具体操作步骤如下。

(1) 打开【打印机和传真】窗口，右击一台打印机，在弹出的快捷菜单中选择【属性】命令。打开【属性】对话框，切换到【端口】选项卡。

(2) 选中【启用打印机池】复选框，再选中打印机所连接的端口，单击【确定】按钮，如图 6-52 所示。

图 6-52　设置打印池

6.5　实　践　训　练

6.5.1　任务 1：设置 NTFS 权限

任务目标： 为文件设置有效的访问权限。

包含知识： NTFS 的应用。

实施过程：

(1) 创建用户 userA 本地用户组 localA，将用户 userA 加入到本地用户组 localA。

(2) 在 E 分区创建文件 f1.txt 和文件夹 docmentA。

(3) 设置文件 f1.txt 和文件夹 docmentA 的 NTFS 权限。

(4) 为本地用户组 localA 设置特别权限和应用范围。

(5) 以管理员身份登录，分别在同一分区内和不同分区间复制、移动文件 f1.txt。

常见问题解析： 设置 NTFS 权限时需注意的问题。

- 只有在 NTFS 卷上才提供 NTFS 权限。
- 只有 Administrators 组内的成员、文件和文件夹的所有者、具备完全控制权限的用户，才有权设置和更改这个文件或文件夹的 NTFS 权限。
- 当用户对文件夹设置权限后，在该文件夹中创建的新文件和子文件夹将自动默认继承这些权限，从上一级继承下来的权限是不能直接修改的，只能在此基础上添加其他权限，即不能把权限取消，只能添加新的权限。且灰色的框为继承的权限，不能修改，白色的框是可以添加的权限。

6.5.2 任务 2：设置文件夹共享

任务目标： 设置共享文件夹，为不同共享名设置不同的共享权限，

包含知识： 共享文件夹的概念和使用。

实施过程：

(1) 在 E 分区创建准备共享的文件夹 docmentB。

(2) 分别用共享名"BB1"和"BB2"共享该文件夹。

(3) 为不同共享名设置不同的共享权限。

(4) 分别通过"运行"对话框、"网上邻居"窗口和"映射网络驱动器"方式访问共享文件夹。

常见问题解析：

(1) Windows Server 2003 操作系统只允许共享文件夹，不能共享单个的文件。

(2) 在 Windows Server 2003 系统环境中，有如下要求。

- 具备创建文件夹共享的用户必须是 Administrators，Server Operators 或 Power Users 内置组的成员。
- 如果该文件夹位于 NTFS 卷中，该用户必须对被设置的文件夹具备"读取"的 NTFS 权限。

(3) Windows Server 2003 系统内有许多自动建立的隐藏共享文件夹，如每个磁盘分区都被默认设置为隐藏共享文件夹，这些隐藏的磁盘分区共享是 Windows Server 2003 出于管理的目的设置的，不会对系统和文件的安全造成影响。

6.5.3 任务 3：创建 DFS

任务目标： 创建 DFS 独立的根目录。

包含知识： DFS 的初步概念。

实施过程：

(1) 创建独立的 DFS 根目录。

(2) 为本地计算机的共享文件夹添加一个 DFS 链接，名称是"本地链接 1"。

(3) 为远程计算机的共享文件夹添加另一个 DFS 链接，名称是"远程链接 1"。

(4) 测试 DFS。

常见问题解析：

域 DFS 不仅每个链接可以有多个目标，根目录也可以有多个目标。当域 DFS 有多个根目录目标时，还需要进行根目录的复制配置。用鼠标右击分布式文件系统控制台左侧窗格中的根目录并在弹出的快捷菜单中选择【配置复制】命令，具体配置方法与域链接目标的复制配置方法相同。

6.5.4 任务 4：安装与管理共享打印机

任务目标： 安装打印机，管理打印驱动程序和打印服务器。

包含知识： 共享打印机，打印驱动程序和打印服务器的使用。

实施过程：

(1) 安装本地打印机。

(2) 安装网络打印机。

(3) 管理打印驱动程序：更新打印驱动程序、设置打印默认值、设置打印时间和管理打印文档等。

(4) 管理打印服务器：设置打印优先级、设置打印池。

常见问题解析： 安装打印机需要注意哪些问题？

● 选择打印机所连接的计算机端口时，如果打印机采用 USB 端口来连接计算机，则需要有专门的打印机安装程序。

● 对于网络打印机是通过网络适配器实现与计算机的连接，因此无法使用计算机上的并口或串口来连接网络打印机。

● Windows 默认安装打印机的驱动程序能确保设备可以工作，但该程序有时无法发挥打印机的全部功能，所以更新打印机驱动程序是排除故障和增加打印机功能的最佳方法之一。

6.6 习　　题

1. **选择题**

(1) 使用(　　)程序可以把 FAT32 格式的分区转化成 NTFS 分区，并且用户文件不会损坏。

    A. convert.exe   B. cmd.exe   C. config.exe   D. change.exe

(2) 通过【网上邻居】不能访问隐藏资源的共享文件夹，它的共享名最后一个字符是(　　)。

    A. *   B. $ C. ?   D. %

(3) 下列哪个操作保证某个特定用户在使用网络打印机时优先(　　)？

    A. 设置 "打印时间"   B. 设置 "打印池"

    C. 设置 "打印优先级"   D. 设置 "打印重定向"

(4) 在 NTFS 文件系统中，对一个文件夹先后进行如下的设置：先设置为读取，后又设置为写入，再设置为完全控制，则最后，该文件夹的权限类型是(　　)。

    A. 读取   B. 写入   C. 读取、写入   D. 完全控制

(5) 在以下文件系统类型中，能使用文件访问许可权的是(　　)

    A. FAT   B. EXT   C. NTFS   D. FAT32

(6) 共享文件夹权限有(　　)。

    A. 读取   B. 更改   C. 完全控制   D. 以上都是

2．思考题

(1) NTFS 文件系统特性有哪些？

(2) 为什么设置共享文件夹？

(3) 什么是 DFS？如何进行设置？

(4) 分别简述安装本地打印机和网络打印机的过程。

第 7 章　数据备份与还原

【教学提示】

在信息社会数据的重要性不言而喻。因此，对于计算机网络和计算机系统的数据的可靠性与安全性要求非常之高。数据备份和还原就是提高数据安全可靠性的重要保障和措施之一。系统管理员如何利用 Windows Server 2003 自带的备份工具，以手工的方式或自动的方式实现对指定的数据进行备份和还原；当服务器系统发生突然故障而不能启动时，系统管理员如何分析问题所在；采用何种服务器故障恢复方法启动系统和恢复丢失的数据等，在不可预料的事件发生时最终实现将企业的损失降低到最小的程度的目的。

【教学目标】

本章主要介绍了数据备份与还原的基本概念；文档属性与文件备份的关系；区分不同备份类型的适用场合；Windows Server 2003 备份数据与还原数据的方法与过程；通过学习，使读者掌握备份与灾后还原方式，以及备份、还原策略、服务器故障恢复。

数据备份、恢复是一位合格的网络管理员保护自己的网络数据资源、降低损失的最有力的武器。从表面上看，数据备份工作是重复性劳动，没有什么高深的技术可言，但是数据备份工作是一切其他管理工作所无法比拟的，它在一定程度上决定着企业的生存与发展。数据备份作为存储领域的一个重要组成部分，其在存储系统中的地位和作用都是不容忽视的。对一个完整的企业 IT 系统而言，数据备份工作是其中必不可少的组成部分。企业保存在服务器上的数据可能因为天灾、人祸的因素造成数据损毁，如台风、火灾、地震、文件的误操作、文件被恶意删除、病毒感染、硬盘故障等，都会造成非常严重的损失。这就需要平时定期将硬盘的数据备份起来，存放在安全的地方，当发生意外时，能够利用这些备份数据将服务器的数据还原，使公司的业务仍能正常运转。数据备份的根本目的是重新利用，就是说，备份工作的核心是恢复。

数据备份顾名思义，就是将数据以某种方式加以保留，以便在系统遭受破坏或其他特定的情况下，重新加以利用的一个过程。它是每个网络管理员必须而且是经常要做的工作，一个网络管理员的数据备份工作是否细致得当，也可以从侧面反映他的工作责任心和工作能力的强弱。

7.1　数　据　备　份

7.1.1　数据备份工具

数据备份工具很多，典型的第三方备份软件有：Veritas Backup Exec、CA BAB、Legato NetWorker、HP OpenView Data Protector 和 IBM Tivoli Storage Manager 等。在这里，我们要

介绍的是 Windows 服务器系统自带的备份工具。因为它本身的功能已足够强大，而且随着系统的购买一次性投资，无须另外花更多的钱来购买专门的第三方备份软件。因此，对于中小企业来说，采用 Windows 服务器系统自带的备份工具是最佳的选择。

另外，Ghost 备份工具也是不错的选择，但是它备份的对象必须是整个分区的文件，不能自己选择其中的一部分文件进行备份。相反，Windows 服务器系统自带的备份工具可以任意选择我们需要备份的文件或文件夹。因此，Ghost 备份工具与 Windows 服务器系统自带的备份工具相比缺乏灵活性。

Windows 服务器系统自带的备份工具与手动备份操作相比，具有这几个优点：可以做计划任务；同时支持图形界面和命令行界面；具有 ASR 自动系统还原功能。

7.1.2　数据备份的范围和目标地址

数据的备份范围包括：用户的一般资料、系统状态数据、Active Directory 资料以及网络服务中的共享文件夹资料。

备份的目的地址可以是硬盘、可移动硬盘和可录制光盘、磁带、网络中某个共享文件夹等。

对于企业来说，可以根据数据的重要性和资金投入的多少，采取强弱程度不同的备份策略。备份的目的地址不同则反映备份策略的强弱，即容灾的程度是不同的。

7.1.3　数据备份操作者的权限要求

(1)　本地机：Administrators 组、Backup Operators 组和 Server Operators 组的成员。

(2)　域控制器：Administrators 组、Backup Operators 组的成员可以备份本地、域中或者具有双向信任关系的域中所有计算机上的任何文件和文件夹。

7.1.4　数据备份的类型和备份特点

1．数据备份的类型

数据备份的类型分为：标准备份(又称正常备份)、复制备份(又称副本备份)、增量备份、差异备份、每日备份 5 种。

2．文件的"存档"属性

Windows Server 2003 操作系统对每一个文件或文件夹设置了"存档"属性。"存档"属性是与备份功能密切相关的重要属性。任何一个新建的文件或文件夹，它的"存档"属性自动被设置选中状态☑，(用鼠标左键选中一个新建文件或文件夹，右击该对象，在弹出的快捷菜单中选择【属性】命令，打开如图 7-1 所示的【data 属性】对话框，单击【高级】按钮，打开如图 7-2 所示的【高级属性】对话框，当文件或文件夹备份后，"存档"属性被取消选中状态。

注意：若文件在备份后又做了修改，则"存档"属性又被设置 ，即认为该文件没有备份过。

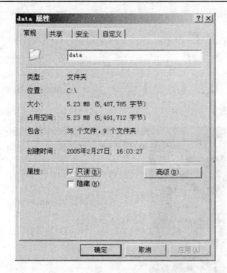

图 7-1 【data 属性】对话框

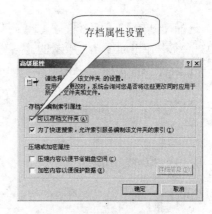

图 7-2 【高级属性】对话框

3. 不同类型备份的特点

1) 标准备份

标准备份也称正常备份，它是复制所有选中的文件，并将每个文件标记为已备份(即清除文件的"存档"属性)。标准备份相对于其他备份类型而言，是最费时间的一种备份方法，但它却最快、最容易被还原。因为所有备份的文件都是最新、最完整的文件，所以基于标准备份在执行还原时不必还原不同日期的多个备份任务。一般系统在第一次创建备份时，通常选择标准备份。

2) 复制备份

复制备份也称副本备份，它是复制所有选中的文件，但不将这些文件标记为已备份(即不清除文件的"存档"属性)，不影响其他备份操作。复制备份适合于临时需要进行备份数据的场合。

3) 增量备份

增量备份是只备份上一次标准备份或增量备份以后新创建或被修改过的文件，并将文件标记为已备份(即清除文件的"存档"属性)。

4) 差异备份

差异备份是复制自上次正常或增量备份以来所创建或修改过的文件，但不将这些文件标记为已备份(即不清除文件的"存档"属性)，是否清除文档标记是增量备份与差异备份的不同之处。

5) 每日备份

每日备份是备份选中的文件或文件夹在当日内发生改变的部分。每日备份过程中，不将这些文件标记为已备份(即不清除文件的"存档"属性)。

7.1.5　启动数据备份工具

启动 Windows Server 2003 服务器系统自带的数据备份工具方法有如下几种。

方法一：

选择【开始】|【所有程序】|【附件】|【系统工具】|【备份】命令，在 Windows Server 2003 系统中弹出如图 7-3 所示的【备份工具-无标题】窗口。

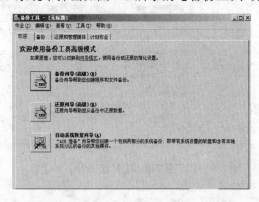

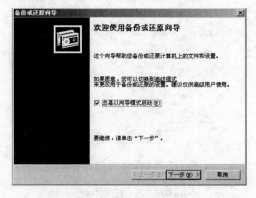

图 7-3　备份工具窗口　　　　　　　　　　　　图 7-4　备份工具向导

> **注意：** 如果备份工具向导是第一次启动，则打开如图 7-4 所示的【备份或还原向导】对话框。将【总是以向导模式启动】复选框选择为取消选中状态，然后单击【高级模式】超级链接，在以后启动该工具时就直接进入如图 7-3 所示的【备份工具】窗口。

方法二：

选择【开始】|【运行】命令，如图 7-5 所示，在【打开】文本框中输入备份工具的可执行文件名称"ntbackup"，然后单击【确定】按钮即可。

方法三：

在命令行界面状态下输入"ntbackup"命令。如果想要查看"ntbackup"命令的所有使用方法，则使用命令"ntbackup/？"，可以看到该命令的所有参数的设置方法，如图 7-6 所示。

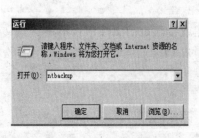

图 7-5　【运行】对话框

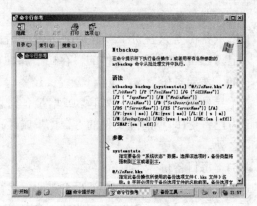

图 7-6　命令行参考

7.1.6　利用备份向导工具进行数据备份

具体操作步骤如下。

(1)　选择【开始】|【所有程序】|【附件】|【系统工具】|【备份】命令，启动【备份或还原向导】对话框，如图 7-4 所示。

(2)　单击【下一步】按钮，进入【备份或还原】界面，如图 7-7 所示。

(3)　选中【备份文件和设置】单选按钮后，单击【下一步】按钮。进入如图 7-8 所示的界面。该界面有两个选项，解释如下。

● 【这台计算机上的所有信息】：备份这台计算机上的全部数据。

● 【让我选择要备份的内容】：选择要备份的内容，还可以选择网上邻居上共享资源进行备份。

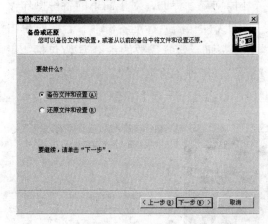

图 7-7　备份或还原

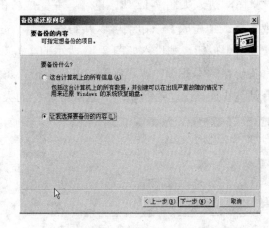

图 7-8　要备份的内容

(4)　选中【让我选择要备份的内容】单选按钮，单击【下一步】按钮，进入如图 7-9 所示的界面。从图 7-9 界面的左窗格中选取要备份的文件或文件夹，用鼠标单击要备份对象的左面的复选框，使其选中打钩，并单击【下一步】按钮。

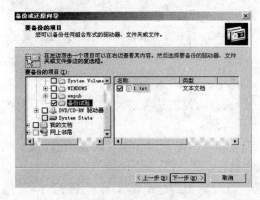

图 7-9　要备份的项目界面

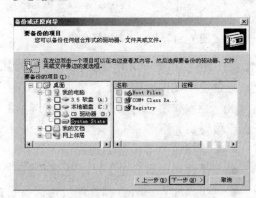

图 7-10　备份系统状态

> **注意**：除了可以备份文件或文件夹外，还可以备份数据的系统状态，如图 7-10 所示。系统状态数据包括：活动目录、系统的启动文件、COM+的类注册表数据库、注册表和 SYSVOL 文件夹，其中活动目录和 SYSVOL 文件夹只有在域控制器上执行备份操作时才存在。

(5) 进入如图 7-11 所示的【备份类型、目标和名称】界面，单击【浏览】按钮选择创建的备份文件的保存位置，在【键入这个备份的名称】下面的文本框中输入要创建的这个备份文件的名称，如"Backup090618"，单击【下一步】按钮。

> **注意**：输入备份文件名时最好能明确备份的内容和时间，便于日后的使用和区分。例如 2009 年 6 月 18 日备份的文件可命名为"Backup090618"。

(6) 进入如图 7-12 所示的【正在完成备份或还原向导】界面，对于简单的备份操作，现在单击【完成】按钮就可以开始备份了，备份类型为默认的"标准备份"。若此时单击【高级】按钮，则进入如图 7-13 所示的【备份类型】界面。选择需要的备份类型(包括：正常备份、副本备份、增量备份、差异备份、每日备份)。每种备份类型的特点前面表 7-1 中有具体描述，这里不再赘述。选择好备份的类型后，单击【下一步】按钮。

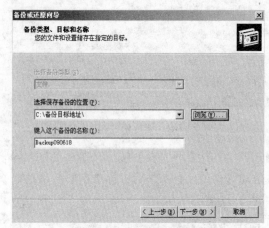

图 7-11　备份类型目标名称

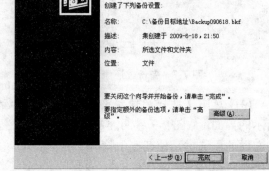

图 7-12　【正在完成备份或还原向导】界面

(7) 进入如图 7-14 所示的【如何备份】界面，根据需要选择是否在备份后进行数据验证、是否使用硬件压缩、是否禁用卷影复制。单击【下一步】按钮，继续。

(8) 进入如图 7-15 所示的【备份选项】界面，选择需要的选项后，单击【下一步】按钮。选项说明如下。

- 【将这个备份附加到现有备份】：备份程序将本次备份附加到上次备份之后。
- 【替换现有备份】：本次备份将覆盖原有备份。
- 【只允许所有者和管理员访问备份数据，以及附加到这个媒体上的备份】：只允许管理员和所有者进行备份操作。

图 7-13 【备份类型】界面

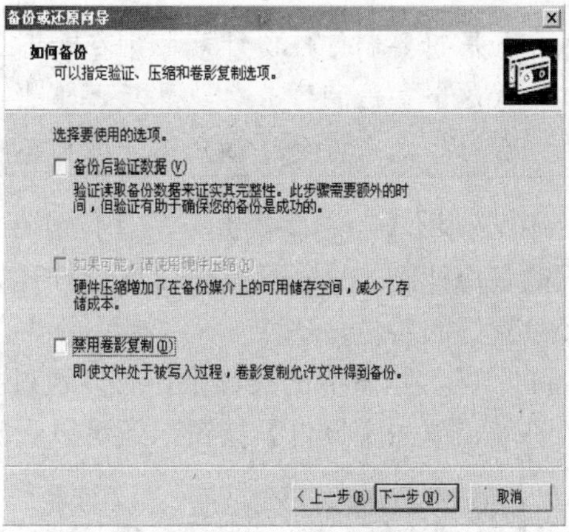

图 7-14 【如何备份】界面

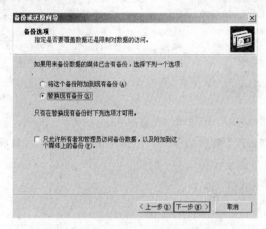

图 7-15 【备份选项】界面

(9) 进入如图 7-16 所示的【备份时间】界面，选中【现在】单选按钮，再单击【下一步】按钮，进入如图 7-17 所示的界面，单击【完成】按钮，则立刻开始备份操作。

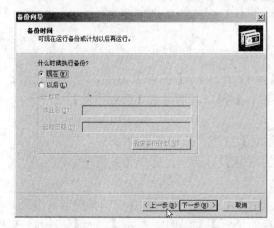

图 7-16 【备份时间】界面

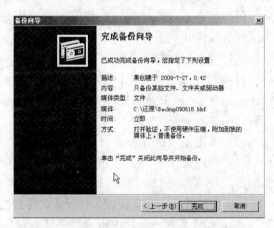

图 7-17 【完成备份向导】界面

> **注意：** 如果想要制订备份计划，则在如图 7-16 所示的对话框中选中【以后】单选按钮，输入这个备份的作业名，然后，单击【设定备份计划】按钮。(在后面的"计划任务"备份方式中将会详细介绍，这里不再赘述。)

(10) 利用【控制面板】中的【任务计划】工具，在其级联菜单中可以看到所有已经设置好的备份计划。另外，也可以通过打开如图 7-18 所示的【任务计划】窗口中看到所有的已经设置好的备份任务。

(11) 在数据备份的过程中，可以通过如图 7-19 所示的【备份进度】对话框看到数据备份的进度。单击【报告】按钮，还可以看到备份结果的报告。

图 7-18 【任务计划】窗口

图 7-19 【备份进度】对话框

7.1.7 设置备份计划任务

当备份任务非常频繁且有规律时，通常采用计划任务的备份方式，利用 Windows Server 2003 操作系统自带的备份工具，对指定的文件制定备份计划，系统按照该计划进行自动地备份操作。这样操作人员可以从烦琐的重复性劳动中解脱出来，提高备份工作的效率。

系统管理员在计划备份工作时，可以选择的备份计划的类型包括：一次性、每天、每周、每月、在系统启动时、在登录时和空闲时。此外，要设置备份计划任务，必须拥有管理员或备份操作员的权限。

具体操作步骤如下。

(1) 选择【开始】|【程序】|【附件】|【系统工具】|【备份】命令，在 Windows Server 2003 系统中弹出如图 7-3 所示的【备份工具】窗口。切换到【计划作业】选项卡，打开如图 7-20 所示的窗口。

(2) 双击要设定任务的日期或单击【添加作业】按钮，启动备份向导。

(3) 单击【下一步】按钮，打开【要备份的内容】对话框，选中【备份选定的文件、驱动器或网络数据】单选按钮。

(4) 单击【下一步】按钮，打开【要备份的项目】对话框，选择要备份的文件或文件夹。

(5) 单击【下一步】按钮，打开【备份保存的位置】对话框，单击【浏览】按钮，选择备份文件保存的位置。输入备份文件的名称为"backup090801.bkf"。

(6) 单击【下一步】按钮，打开【如何备份】对话框，选中【备份后验证数据】复选

框，以确保数据备份的完整与成功。

（7）单击【下一步】按钮，打开【备份选项】对话框，选中【将这个备份附加到现有备份】单选按钮。

（8）单击【下一步】按钮，打开【备份时间】对话框，如图 7-21 所示，选中【以后】单选按钮，并输入备份任务的作业名。

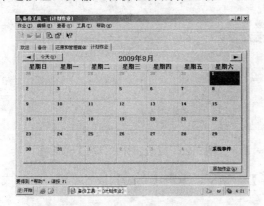

图 7-20　【计划作业】选项卡

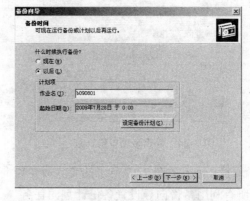

图 7-21　【备份时间】界面

（9）单击【设定备份计划】按钮，切换到如图 7-22 所示的计划作业的【日程安排】选项卡，单击【高级】按钮，打开如图 7-23 所示的【高级计划选项】对话框，进一步设置备份操作的【开始日期】和【结束日期】的日程安排。设置完毕后，单击【确定】按钮。返回图 7-22 所示的界面。

（10）当备份计划有多个时，选中如图 7-22 所示界面左下角的【显示多项计划】复选框，打开如图 7-24 所示的对话框。单击【新建】按钮，创建新的备份计划，单击【删除】按钮，删除已存在的备份计划。

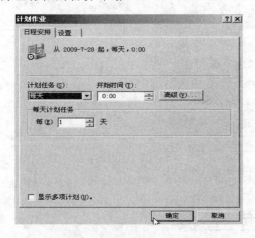

图 7-22　【日程安排】选项卡

图 7-23　【高级计划选项】对话框

（11）当所有的备份计划都设置完毕时，单击如图 7-24 所示对话框中的【确定】按钮，弹出如图 7-25 所示的【设置帐户信息】对话框。在【运行方式】文本框中输入正确的用户名(具有备份权限的帐户)，在密码和确认密码文本框中输入该帐户的登录密码，单击【确定】按钮。返回如图 7-21 所示的【备份时间】对话框，单击【下一步】按钮，又一次弹出如

图 7-25 所示的【设置帐户信息】对话框，输入正确的帐户名和密码。此时输入的密码为该备份计划的密码。输入完信息后，单击【确定】按钮。

图 7-24　显示多项备份计划

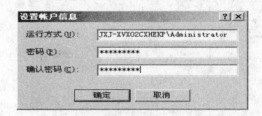

图 7-25　【设置帐户信息】对话框

(12) 进入如图 7-17 所示的【完成备份向导】对话框，单击【完成】按钮。至此，完成了所有利用备份向导设置备份计划的任务。

(13) 设定完备份计划后，在备份工具的【计划作业】选项卡中能看到凡是设定了备份计划的日期都作了相应的标记，如图 7-26 所示。

> 注意：删除一个备份计划，是在控制面板的【任务计划】窗口中操作。具体步骤如下。
> (1) 在【控制面板】中打开如图 7-18 所示的【任务计划】窗口，可以看到所有已经设置好的备份计划。
> (2) 选中要删除的备份计划图标，右击，在弹出的快捷菜单中选择【删除】命令。

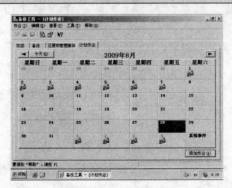

图 7-26　计划内容

7.2　数　据　还　原

7.2.1　数据还原概述

在 Windows Server 2003 操作系统中不仅提供了数据备份功能，还有对应的数据还原功

能。在管理员使用备份工具创建了数据副本之后，当遭遇到病毒侵袭，或者由于误操作以及硬件故障等意外导致数据摧毁时，就可通过备份工具中的还原功能轻松地恢复被破坏或丢失的数据。

系统管理员可以还原的数据包括：文件和文件夹、系统状态数据。

1．还原文件和文件夹

系统管理员可以使用"备份"工具来备份和还原FAT16、FAT32或NTFS卷上的数据。但是，如果已经从NTFS卷备份了数据，则建议将数据还原到相同版本的NTFS卷，以避免丢失数据和一些文件、文件夹的特征属性，包括文件权限、文件夹权限、加密文件系统(EFS)设置和磁盘配额信息等。这是由于某些文件系统可能不支持其他文件系统的所有功能。

2．还原系统状态数据

在还原系统状态数据时，系统状态数据的当前版本被还原的系统状态数据版本所替换。并且，管理员不能选择还原系统状态数据的位置，而是由当前系统根目录的位置决定还原的系统状态数据的位置。

> **注意：** 如果要排除一些特定的文件不予以备份和还原，则可在备份工具窗口中选择【工具】|【选项】菜单命令，在如图7-27所示的【排除文件】选项卡中进行配置。单击【添加】按钮，即可把需要排除的文件添加到排除文件列表中。在这里还可以针对所有用户和系统管理员分别配置排除文件。

图7-27　【排除文件】选项卡

7.2.2　数据还原

具体操作步骤如下。

(1) 选择【开始】|【程序】|【附件】|【系统工具】|【备份】命令，在 Windows Server 2003 系统中弹出的【备份工具】窗口中切换到【欢迎】选项卡，如图7-28所示。单击【还原向导(高级)】按钮，打开【还原向导】对话框，如图7-29所示。

(2) 单击图7-29中的【下一步】按钮，打开【还原项目】界面。单击"项目"左边的

"+"号，使所有的已经备份过的媒体项目扩展打开，用鼠标单击图中【要还原的项目】列表框下需要还原的媒体项目左边的复选框，使其选中，如图7-30所示。

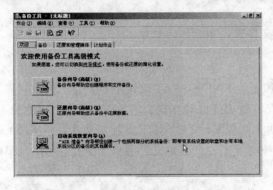

图7-28　【备份工具】窗口

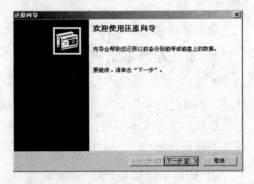

图7-29　【还原向导】对话框

(3)　单击【下一步】按钮，打开【完成还原向导】界面，如图7-31所示。

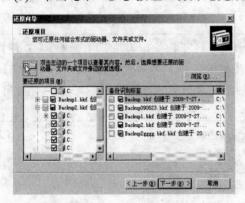

图7-30　【还原项目】界面

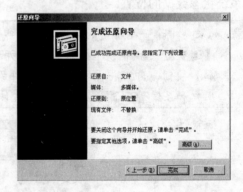

图7-31　【完成还原向导】界面

(4)　单击【高级】按钮，打开如图7-32所示的【还原位置】界面，在下拉列表框中选择将媒体文件还原到的目标位置。其中，还原位置有：【原位置】、【备用位置】、【单个文件夹】三种，具体含义解释如下。

- 【原位置】：将备份文件还原到原来的文件夹。对还原已经受到损坏或丢失的文件和文件夹，该选项是非常有效的。
- 【备用位置】：可以把备份文件夹的结构和其中的文件还原到另一个文件夹。当用户不想改变备份文件的原文件夹的当前内容，此选项是有效的。
- 【单个文件夹】：将备份文件还原到单一文件夹中。此选项不保留备份文件夹和文件结构，只有备份的文件才能定位在单一文件夹中。如果正在查找某个文件但又不知道它的位置，这时使用该选项非常有效。

(5)　单击如图7-32所示的【下一步】按钮，打开如图7-33所示的【如何还原】界面。如果目标位置存在着源文件或者以往的还原，就难免在还原时产生冲突，要保留哪一个版本，在该图中可以选择，项目具体含义解释如下。

- 【保留现有文件(推荐)】：可以防止硬盘上的文件被覆盖，这是还原文件最安全的一种方法。

- 　【如果现有文件比备份文件旧，将其替换】：保证在计算机上的是最新副本。
- 　【替换现有文件】：如果在还原过程中遇到相同名称的文件，不给出确认信息就将其替换为备份文件。

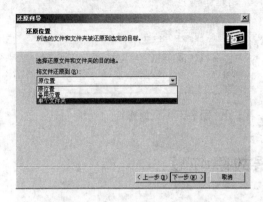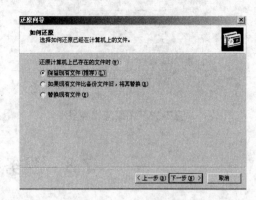

図 7-32　【还原位置】界面　　　　　　　　　図 7-33　【如何还原】界面

(6)　单击如图 7-33 中所示的【下一步】按钮，打开如图 7-34 所示的【高级还原选项】界面。单击【下一步】按钮，几个选项的具体含义解释如下。

- 　【还原安全设置】：将还原每个文件和文件夹的安全设置。
- 　【还原交接点，但不还原交接点引用的文件夹和文件数据】：将还原硬盘上的交接点以及交接点所指向的数据。如果未选中该复选框，则交接点将作为常规目录进行还原，但不可以访问交接点指向的数据。同时，如果要还原已装入的驱动器以及已装入驱动器上的数据，必须选中该复选框。如果未选中该复选框，则只还原包含装入驱动器的文件夹。
- 　【保留现有卷的装入点】：还原所有复制数据集的数据。

(7)　单击如图 7-34 所示中的【下一步】按钮，打开如图 7-35 所示的【完成还原向导】界面。单击【完成】按钮，进入还原操作状态。在还原过程中，出现如图 7-36 所示的【还原进度】对话框(该图是还原操作进行完毕的状态)。

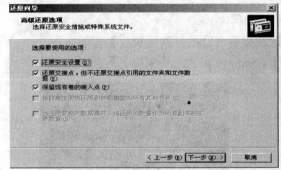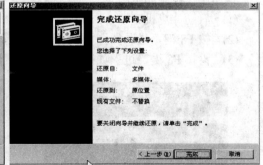

図 7-34　【高级还原选项】对话框　　　　　　図 7-35　【完成还原向导】对话框

(8)　单击图 7-36 中的【报告】按钮，可以打开如图 7-37 所示的还原报告窗口。至此，整个还原操作过程全部完成。

图 7-36　还原操作完成

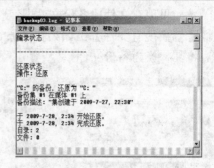

图 7-37　还原报告

7.3　服务器故障恢复

所谓服务器故障是指导致服务器无法启动或正常运行的任何事件，而服务器故障恢复就是在故障发生后恢复服务器，使用户能够登录并访问系统资源。当服务器发生故障时，系统管理员可采取的恢复措施有：安全模式、最后一次正确的配置、故障恢复控制台和紧急修复盘。下面具体介绍。

7.3.1　安全模式

如果系统在安装了某个设备驱动程序或新的应用程序后，无法正常启动时，系统管理员通常会采用安全模式进行启动系统，这是因为安全模式能够使用最少的设备驱动程序来启动操作系统。当系统启动出现问题时，用户可以在安全模式下登录系统，然后卸载有问题的驱动程序或应用程序即可。

安全模式的启动选项包括：安全模式、带网络连接的安全模式、带命令提示符的安全模式。这三种启动方式都会创建一个日志文件。

具体操作步骤如下。

(1) 启动计算机。

(2) 按 F8 键，进入如图 7-38 所示的【请选择要启动的操作系统：】界面。

(3) 再按 F8 键，进入如图 7-39 所示的【Windows 高级选项菜单】界面。

图 7-38　启动操作系统

图 7-39　高级选项菜单

（4）选择启动系统的某种安全模式，按 Enter 键。

7.3.2　最后一次正确的配置

操作系统为计算机提供了两种配置：缺省配置和最后一次正确的配置。正常情况下，启动系统使用缺省配置启动计算机，当缺省配置不能正常启动时，系统会自动提示用户选择最后一次正确的配置来完成启动操作。

具体操作步骤如下。

（1）启动计算机。

（2）按 F8 键，进入如图 7-38 所示的【请选择要启动的操作系统】界面。

（3）再按 F8 键，进入如图 7-40 所示的【Windows 高级选项菜单】界面。

（4）选择【最后一次正确的配置(您的起作用的最近设置)】项，按 Enter 键。

（5）选择要进入的操作系统，进入【硬件配置文件/配置恢复】界面，按 Enter 键，操作系统按最后一次正确的配置尝试启动操作系统。

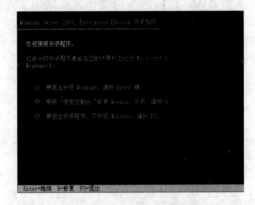

图 7-40　高级选项菜单　　　　　　　　　　图 7-41　开始安装界面

注意：最后一次正确的配置并不能解决由驱动程序和文件损坏或丢失造成的服务器故障。

7.3.3　故障恢复控制台

当安全模式和其他启动选项都不能工作时，可以尝试使用故障恢复控制台，完成故障修复任务。

具体操作步骤如下。

（1）将 Windows Server 2003 安装光盘或系统启动软盘插入计算机。

（2）进入图 7-41 所示的界面，根据系统提示按 R 键选择【修复或者恢复】，然后按 C 键，选择【恢复控制台】。

（3）如果该计算机设置了双重启动，选择 Windows Server 2003 系统。

（4）按照系统提示，输入"管理员密码"。然后可通过控制台的命令来修复系统；

（5）输入命令 exit，则退出【恢复控制台】状态，重新启动计算机。

7.3.4 紧急修复盘

当操作系统发生故障不能启动时，可以尝试使用"紧急修复盘"来修复系统。一般来说，由于软件问题而造成的系统启动故障，都可以采用该方法启动操作系统，这样用户至少有备份数据的机会，从而减少损失。

1．使用 ASR 工具作备份

具体操作步骤如下。

(1) 打开【备份工具】窗口，切换到【欢迎】选项卡，如图 7-28 所示。

(2) 单击【自动系统恢复向导】按钮，打开【自动系统故障恢复准备向导】对话框，如图 7-42 所示。

(3) 单击【下一步】按钮，打开【备份目的地】界面，如图 7-43 所示。可以单击【浏览】按钮，选择要备份系统文件的存放位置，还可以修改备份媒体的文件名。为了区分其他备份媒体，这里的备份媒体名称采用了"ASR.bkf"。

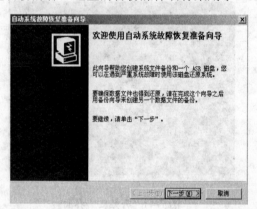 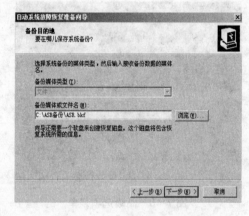

图 7-42　【自动系统故障恢复准备向导】对话框　　图 7-43　【备份目的地】界面

(4) 单击【下一步】按钮，选择【完成】，开始备份文件"ASR.bkf"。

(5) 当文件"ASR.bkf"备份完毕时，系统提示插入一张软盘，创建一张紧急修复软盘。当软盘也备份完毕后，整个 ASR 备份过程结束。

2．使用 ASR 工具修复系统

必须同时具备三个条件：Windows Server 2003 安装光盘插入光驱、已经备份了"ASR.bkf"媒体文件和 1.44MB 的紧急修复盘插入软驱。

> 注意：每当系统做出重大改动之后，都要进行系统数据备份。系统数据备份只能备份 Windows Server 2003 所在分区的数据，其他分区数据需要单独备份。另外，ASR 工具必须有软驱的配合才可以完成，而目前很多电脑已经淘汰了软驱，这是该工具的一大缺憾。

高职高专计算机实用规划教材——案例驱动与项目实践

7.4　实　践　训　练

7.4.1　任务 1：数据备份策略的应用——周数据备份操作

任务目标：掌握两种常用的备份策略的原理及实施过程。

包含知识：使用标准+差异策略、标准+增量策略对 D 盘中的某个文件夹进行一周的备份操作。文件的存档属性与备份类型的关系。

实施过程：

备份策略一：标准+差异

星期一进行一次标准备份，星期二至星期五每天进行一次差异备份。如果星期一新建文件"file1.txt"，星期二新增文件"file2.txt"，星期三新增文件"file3.txt"，星期四新增文件"file4.txt"，星期五新增文件"file5.txt"。管理员在星期一时进行一次标准备份，在星期二至星期五每天进行一次差异备份。我们从备份工具里可以看到星期一管理员备份的内容是"file1.txt"，星期二管理员备份的内容是"file2.txt"，星期三管理员备份的内容是"file2.txt"和"file3.txt"，星期四管理员备份的内容是"file2.txt"、"file3.txt"和"file4.txt"，星期五管理员备份的内容是"file2.txt"、"file3.txt"、"file4.txt"和"file5.txt"，如图 7-44 所示。

备份策略二：标准+增量

即在星期一的时候进行一次标准备份，在星期二至星期五每天进行一次增量备份。如果星期一新建文件"file1.txt"，星期二新增文件"file2.txt"，星期三新增文件"file3.txt"，星期四新增文件"file4.txt"，星期五新增文件"file5.txt"。管理员在星期一时进行一次正常备份，在星期二至星期五每天进行一次增量备份。我们从备份工具里可以看到星期一管理员备份的内容是"file1.txt"，星期二管理员备份的内容是"file2.txt"，星期三管理员备份的内容是"file3.txt"，星期四管理员备份的内容是"file4.txt"，星期五管理员备份的内容是"file5.txt"，如图 7-45 所示。

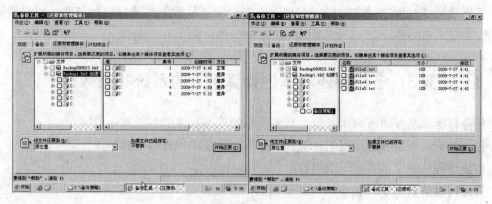

图 7-44　(标准+差异策略)星期五的备份内容

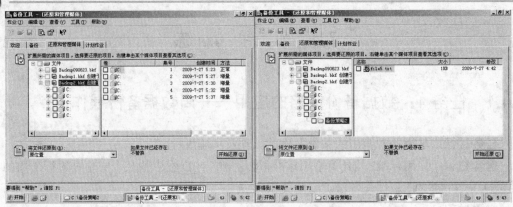

图 7-45　(标准+增量策略)星期五的备份内容

常见问题解析：通过本任务的操作练习，用户应当理解数据备份的本质依据是文件或文件夹的存档标记。当新建文件或文件夹时，系统自动设置上文档的存档标记。在第一次数据备份时，都采用标准备份。另外，特别要注意：从星期一到星期五备份操作时所使用的备份媒体文件名称一定是同一个。

7.4.2　任务 2：数据恢复与还原

任务目标：分别掌握任务 1 中的两种备份策略下数据还原的方法。

包含知识：数据还原策略与备份数据时所采用的策略关系。

实施过程：如果备份数据是采用任务 1 中的策略一(标准+差异)进行的，假设数据在星期五晚上遭到破坏，那么只需使用星期一的标准备份文件和星期五的差异备份文件来进行还原数据即可。如果备份数据是采用任务 1 中的策略二(标准+增量)进行的，假设数据在星期五晚上遭到破坏，那么，需要使用星期一的标准备份文件和星期二至星期五的 4 个增量备份文件来进行还原数据。

常见问题解析：策略一与策略二相比较，各具特点，策略一在备份数据的时候会花较多的时间，在还原数据的时候花较少的时间。而策略二在备份数据的时候会花较少的时间，但在还原数据的时候花较多的时间。用户在备份和还原数据时选择何种策略，可以根据具体情况和需求来选择。

7.4.3　任务 3：备份和还原本地计算机上的系统状态数据

任务目标：掌握如何利用备份工具实现系统状态数据的备份和还原。

包含知识：系统状态数据的备份和还原的实施过程和其具有的特殊性。

实施过程：参看本章第一节内容。

常见问题解析：系统状态数据在备份时不能选择，即要么全部备份，即备份所有系统状态数据；要么，所有的系统状态数据都不做备份。另外，系统状态数据在还原时不能选择还原的目标位置。

7.4.4　任务 4：配置备份计划

任务目标：掌握如何配置一个计划作业。

包含知识：自动备份时间的设置，同时设置多项计划任务的过程。

实施过程：请利用备份工具中的"计划任务"功能，自己动手配置一个计划备份作业(执行时间是每天早上 6 点，共执行一周的时间)。参看本章第一节内容。

常见问题解析：对于规律性数据备份任务，可以使用数据备份工具的"计划作业"功能来实现。这样既方便又可靠。

7.5　习　　题

1. 请说明文件或文件夹的存档属性与数据备份类型的关系。

2. 比较本章 7.4 节中两种数据备份策略("标准+差异策略"与"标准+增量策略")的优缺点，和各自实现的理论依据。

3. 王先生的计算机本来一切运行正常，但是在升级网卡驱动程序重新启动计算机时，却发现机器不能启动了。请帮助分析原因，并给出合理的解决方案。

第 8 章　DHCP 服务的创建与配置

教学提示

DHCP 服务是日常应用比较多的一项服务。当一个网络系统中已经配置有 DHCP 服务器时，当每个客户计算机设成自动获取 TCP/IP 参数且能和 DHCP 服务器通信的话，将会立即自动地被 DHCP 服务器分配包括 IP 地址、子网掩码、默认网关及 DNS 服务器的 IP 等信息。这样既方便了系统对 IP 资源的统一管理，又提高了系统的管理效率。本章结合具体实例，按照工作过程，介绍了如何正确创建、配置和应用 DHCP 服务，是网络操作系统中的一项基本技能。

教学目标

使读者学会在 Windows Server 2003 中正确创建、配置和应用 DHCP 服务、配置 DHCP 客户端的方法。并能排除 DHCP 服务器工作过程中的常见故障。

8.1　DHCP 概述

一台计算机要接入到 Internet，必须具备 IP 地址、子网掩码、缺省网关、DNS 服务器等 TCP/IP 协议参数，这些参数管理员可以自己设置。但是，假如计算机数量比较多，TCP/IP 参数设置任务量就非常大，而且可能导致设置错误或者 IP 冲突。采用 DHCP 服务器来自动分配 TCP/IP 参数，可以大大减轻管理员的劳动强度，并且确保每台计算机能够得到一个合适的不会冲突的 IP 地址，而且很多非专业人士不一定会自己设置 TCP/IP 参数。所以，通过 DHCP 服务来自动分配 TCP/IP 参数，在网络应用中就非常重要。

8.1.1　DHCP 基本概念

DHCP 即动态主机配置协议(Dynamic Host Configuration Protocol)，它是提供主机 IP 地址的动态租用配置、并将其他配置参数分发给合法网络客户端的 TCP/IP 服务协议。DHCP 提供了安全、可靠、简便的 TCP/IP 网络配置，能避免地址冲突，并且有助于保留网络上客户端 IP 地址的使用。DHCP 使用客户端/服务器模型，通过这种模式，DHCP 服务器集中维持网络上使用的 IP 地址的管理。然后，支持 DHCP 的客户端就可以向 DHCP 服务器请求和租用 IP 地址，作为它们网络启动过程的一部分。

8.1.2　DHCP 工作过程

DHCP 的工作过程大致可以分为以下四个步骤。

首先 DHCP 客户端寻找服务器，当 DHCP 客户端第一次登录网络的时候，也就是客户发现本机上没有任何 IP 数据设定，它会向网络发出一个 DHCP-Discover 封包。因为客户端还不知道自己属于哪一个网络，所以封包的来源地址会为 0.0.0.0，而目的地址则为 255.255.255.255，然后再附上 DHCPDiscover 的信息，向网络进行广播。在 Windows 的预设情形下，DHCPDiscover 的等待时间预设为 1 秒，也就是当客户端将第一个 DHCPDiscover 封包送出去之后，在 1 秒之内没有得到响应的话，就会进行第二次 DHCPdiscover 广播。若一直得不到响应的情况下，客户端一共会有四次 DHCPDiscover 广播(包括第一次在内)，除了第一次会等待 1 秒之外，其余三次的等待时间分别是 9 秒、13 秒、16 秒。如果都没有得到 DHCP 服务器的响应，客户端则会显示错误信息，宣告 DHCPDiscover 的失败。之后，基于使用者的选择，系统会在 5 分钟之后再重复一次 DHCPDiscover 的过程。

第二步，提供 IP 租用地址，当 DHCP 服务器监听到客户端发出的 DHCPDiscover 广播后，它会从那些还没有租出的地址范围内，选择最前面的空闲 IP，连同其他 TCP/IP 参数，发给客户端一个 DHCP Offer 封包。由于客户端在开始的时候还没有 IP 地址，所以在其 DHCP Discover 封包内会带有其 MAC 地址信息，并且有一个 XID 编号来辨别该封包，DHCP 服务器响应的 DHCP Offer 封包则会根据这些资料传递给要求租约的客户。根据服务器端的设定，DHCP Offer 封包会包含一个租约期限的信息。

第三步，接受 IP 租约，如果客户端收到网络上多台 DHCP 服务器的响应，只会挑选其中一个 DHCP Offer(通常是最先抵达的那个)，并且会向网络发送一个 DHCP Request 广播封包，告诉所有 DHCP 服务器它将指定接受哪一台服务器提供的 IP 地址。同时，客户端还会向网络发送一个 ARP 封包，查询网络上面有没有其他机器使用该 IP 地址；如果发现该 IP 已经被占用，客户端则会送出一个 DHCP-Declient 封包给 DHCP 服务器，拒绝接受其 DHCP Offer，并重新发送 DHCP Discover 信息。事实上，并不是所有 DHCP 客户端都会无条件接受 DHCP 服务器的 Offer，尤其这些主机安装有其他 TCP/IP 相关的客户软件。客户端也可以用 DHCPRequest 向服务器提出 DHCP 选择，而这些选择会以不同的号码填写在 DHCP OptionField 里面。换一句话说，在 DHCP 服务器上面的设定，未必是客户端全都接受，客户端可以保留自己的一些 TCP/IP 设定。而主动权永远在客户端这边。

第四步，租约确认。当 DHCP 服务器接收到客户端的 DHCP Request 之后，会向客户端发出一个 DHCP-ACK 响应，以确认 IP 租约的正式生效，也就结束了一个完整的 DHCP 工作过程。如上的工作流程如图 8-1 所示。

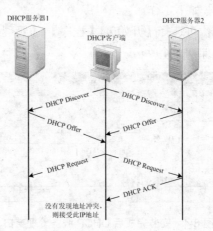

图 8-1　DHCP 工作过程

8.2　DHCP 服务的安装与配置

8.2.1　DHCP 服务的安装

Windows Server 2003 默认安装后，如没有安装 DHCP 服务，则可以通过【添加删除程序】里的【添加 Windows 组件】来安装，具体安装过程如下。

如图 8-2 所示，在【Windows 组件向导】对话框中选择【网络服务】组件，并单击【详细信息】按钮，打开如图 8-3 所示的【网络服务】对话框，选中【动态主机配置协议(DHCP)】后，单击【确定】按钮即开始安装。此时可能需要 Windows Server 2003 系统安装原盘。安装完成后即可对 DHCP 进行配置。

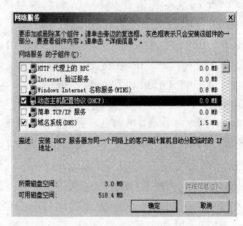

图 8-2　【Windows 组件向导】对话框　　　　　图 8-3　网络服务组件的详细信息

8.2.2　DHCP 的配置

DHCP 的配置一般需要做如下工作。

安装 DHCP 服务完毕后，再选择【开始】|【程序】|【管理工具】| DHCP 命令可以打开配置 DHCP 服务的窗口，如图 8-4 所示。

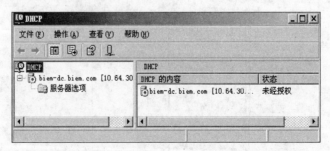

图 8-4　安装完成后 DHCP 服务管理窗口

如果是在 Active Directory(活动目录)域中部署 DHCP 服务器，还需要进行授权才能使 DHCP 服务器生效，如果没有授权，须选中 DHCP 并单击鼠标右键，如图 8-5 所示，选择【管理授权的服务器】命令。

在图 8-6 所示的界面中输入想要授权的 DHCP 服务器 IP 地址(或名称)，单击【确定】按钮。完成授权后出现如图 8-7 所示的窗口。

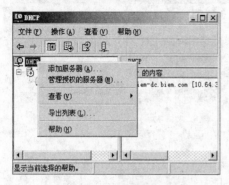

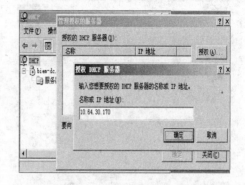

图 8-5　为 DHCP 添加授权(1)　　　　图 8-6　为 DHCP 添加授权(2)

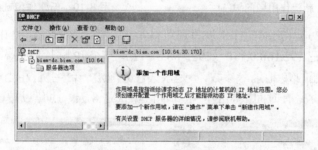

图 8-7　授权后的 DHCP 服务器

经过授权的 DHCP 服务器上可以新建作用域(所谓作用域是服务器可以给客户端分配的 IP 地址范围)，如图 8-8 所示，选中 DHCP 服务器名后单击鼠标右键，在弹出的快捷菜单中选择【新建作用域】命令。

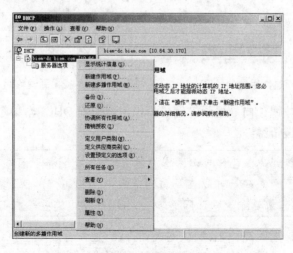

图 8-8　新建作用域

单击完新建作用域后将出现如图 8-9 所示的【新建作用域向导】对话框，作用域名称和描述可根据实际情况自己确定。在图 8-10 所示的界面中，可以设定作用域的地址范围，如 192.168.0.100～192.168.0.150 共 51 个 IP 地址，子网掩码为 255.255.255.0 即 24 位网络位。一个网段内，可以用部分地址作为自动分配的地址，部分地址可以做留着静态分配。

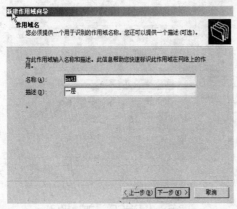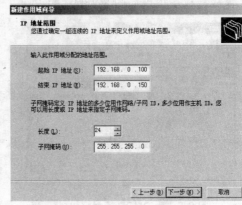

图 8-9　新建作用域向导(1)　　　　图 8-10　新建作用域向导(2)

在上述 51 个 IP 地址空间的作用域里还可以指定一些不往外分配的 IP 地址，即如图 8-11 所示的添加排除，把 192.168.0.110～192.168.0.112 这三个 IP 排除出去，不往外分配。

DHCP 自动分配的 IP 地址等参数，不是永久性分配给一台主机，相当于租借这些 TCP/IP 参数给客户端主机，是有时间限制的，租约期限默认是 8 天，也可以按图 8-12 所示设置。

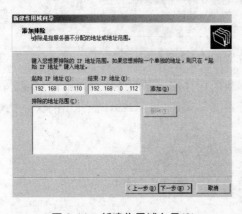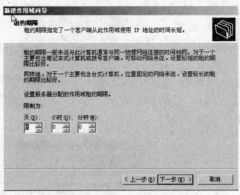

图 8-11　新建作用域向导(3)　　　　图 8-12　新建作用域向导(4)

单击【下一步】按钮，向导提示管理员为作用域配置 DHCP，如图 8-13 所示。选择确认后单击【下一步】按钮继续。

提示：DHCP 服务进行到此，已经可以给客户端分配 IP 地址和子网掩码了，一台计算机有了 IP 地址和子网掩码后可以在局域网范围内互相通信，但是要想和其他局域网或 Internet 互联，还需要配置默认网关和 DNS 服务器，这些须在 DHCP 选项里配置。

如图 8-14 所示，配置路由器(默认网关)的目的是为客户端主机连接其他局域网或者 Internet 设置出口地址。网关地址一般需要和客户端在同一逻辑网段内。

要想用域名访问 Internet 中的网站服务器，必须用 DNS 服务器来实现域名解析，所以有必要设置 DHCP 服务中的域名称和 DNS 服务器 IP 地址，如图 8-15 所示。

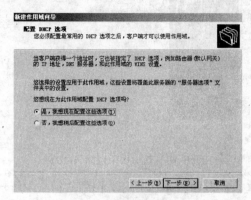 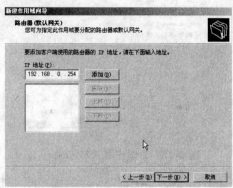

图 8-13　新建作用域向导(5)　　　　　图 8-14　新建作用域向导(6)

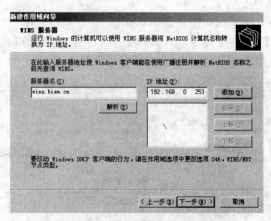

图 8-15　新建作用域向导(7)

WINS 服务是为了将 NetBIOS 计算机名称转换为 IP 地址的一种服务，DHCP 服务选项中也包含 WINS 服务的配置，如图 8-16 所示。

图 8-16　新建作用域向导(8)

最后一步，如图 8-17 所示，激活作用域。向导提示完成作用域创建，如图 8-18 所示。

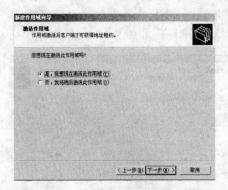
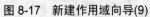

图 8-17　新建作用域向导(9)

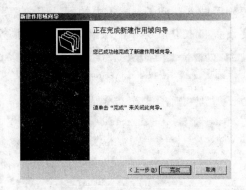

图 8-18　新建作用域向导(10)

到此 DHCP 服务配置完毕。配置完的 DHCP 窗口如图 8-19 所示，图中右窗格中所示的地址池就是能够给客户端分配 IP 地址空间。

图 8-19　创建好作用域的 DHCP 窗口

8.2.3　DHCP 客户端配置

一般的，在没有路由器配置 DHCP 中继代理的情况下，一台计算机和 DHCP 服务器需在同一网段内，即能在 OSI 模型的数据链路层上通信，才可以作为 DHCP 的客户端，向 DHCP 服务器申请到 TCP/IP 参数。

DHCP 客户端配置相对比较简单。在桌面的【网上邻居】上单击鼠标右键，在弹出的快捷菜单中选择【属性】命令打开【网络连接】窗口，如图 8-20 所示，选中【本地连接】图标后单击鼠标右键，在弹出的快捷菜单中选择【属性】命令。

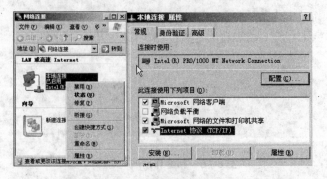

图 8-20　【本地连接 属性】对话框

打开【本地连接 属性】对话框的【常规】选项卡中选中【Internet 协议(TCP/IP)】项目，单击【属性】按钮，打开如图 8-21 所示的【Internet 协议(TCP/IP)属性】对话框，切换到【常规】选项卡中选择【自动获得 IP 地址】和【自动获得 DNS 服务器地址】单选按钮，单击【确定】按钮，即完成客户端的配置。

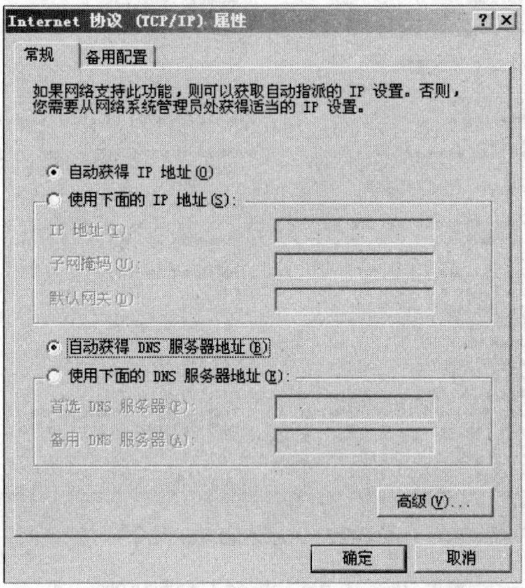

图 8-21　配置自动获取 IP 地址及 DNS 服务器

网络没有其他问题，客户端即可获取 IP 地址、默认网关、DNS 等 TCP/IP 参数。客户端是否获取 IP 地址等 TCP/IP 参数，选择【开始】|【运行】命令，在打开的对话框中输入 cmd，在 DOS 窗口的命令提示符下输入 ipconfig 命令，即可看到 IP 地址、子网掩码、默认网关等信息，如图 8-22 所示。

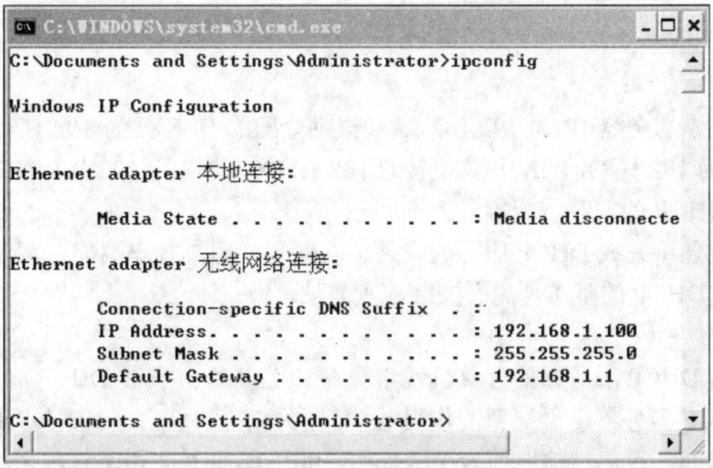

图 8-22　ipconfig 命令

这个命令还可以加参数：

"ipconfig /all" 将显示全部的 TCP/IP 参数，如图 8-23 所示。

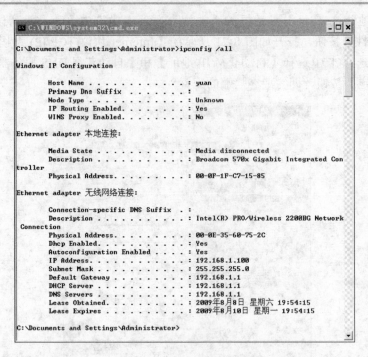

图 8-23 ipconfig /all 命令

当 DHCP 服务器不存在或者没有正确获取到 IP 地址时，通过 ipconfig 命令可能看到一个 169.254.0.0./16 网段里的一个地址，169.254.0.0./16 这一地址是 Microsoft Windows 的 APIPA 预留的网段地址从 169.254.0.1～169.254.255.254。

客户端上还可以使用 ipconfig/release 命令来主动释放一个租借的地址，还可以用 ipconfig/rerew 重新获取一个新的 IP 地址。

8.3 实 践 训 练

【任务】假定服务器 IP 为 192.168.8.1，拟供分配的 IP 空间为 192.168.8.0/25，其中要排除的 IP 地址为 192.168.8.100，网关为 192.168.8.110，DNS 为 192.168.0.250，其他可按默认配置。完成 DHCP 的安装、配置及管理。

任务目标： 熟练完成 DHCP 服务的安装、配置和管理，客户端能正常使用此服务。

包含知识： DHCP 的基本理论及安装配置方法。

实施过程：

为即将作为 DHCP 服务器的计算机设定静态 IP 地址，并安装 DHCP 服务。

(1) 在 DHCP 服务器上创建新的作用域，范围为 192.168.8.1～192.168.8.126，子网掩码为 255.255.255.128，设定排除地址为 192.168.8.100。在 DHCP 服务选项里设置网关地址为 192.168.8.110，DNS 服务器地址设为 192.18.0.250，其他按默认设置。

(2) 在客户端上，设置为"自动获取 IP 地址"和"自动获取 DNS 服务器地址"。

(3) 在客户端上利用 ipconfig 命令查看确认 IP 地址。

常见问题解析：

(1) 安装 DHCP 需要注意的问题。

DHCP 服务器自身的 IP 地址、子网掩码等 TCP/IP 参数必须是静态分配的。

(2) DHCP 服务器在什么情况下需要授权？

只有运行在 Windows 2000 Server 以上域环境中的 DHCP 服务器会检查是否被授权，而运行在工作组环境中的 DHCP 服务器及 Windows NT 4.0 域环境中的 DHCP 服务器即使没有授权过程仍可正常工作。

8.4 习　　题

1．选择题

(1) 使用 DHCP 服务的好处是(　　)

    A. 降低 TCP/IP 网络的配置工作量

    B. 增加系统安全与依赖性

    C. 对那些经常变动位置的工作站 DHCP 能迅速更新位置信息

    D. 以上都是

(2) 要实现动态 IP 地址分配，网络中至少要求有一台计算机的网络操作系统中安装(　　)。

    A. DNS 服务器　　　　　　　　B. DHCP 服务器

    C. IIS 服务器　　　　　　　　　D. PDC 主域控制器

2．问答题

(1) 如何安装 DHCP 服务器？

(2) 简述 DHCP 的工作过程。

(3) 创建一个 DHCP 服务器，拟要分配的 IP 地址空间为 10.64.88.128/25，其中排除地址为 10.64.88.188，网关为 10.64.88.0.254，DNS 为 192.168.0.252。

第9章 DNS 服务器的创建与配置

教学提示

DNS 服务器为 Internet 上的计算机提供名称到地址的映射服务，实现域名解析，以方便用户使用便于记忆的域名来访问网络中的资源。要在网络中实现域名解析，就需要在网络中安装 DNS 服务器。DNS 服务器存储了完全合格域名(FQDN)到 IP 地址的映射关系，通过 DNS 服务器可以实现域名解析的扩展和映射关系的集中管理。

教学目标

通过本章的学习，要求读者掌握 Windows Server 2003 名称解析的基本概念，理解 DNS 服务器的作用和解析过程，掌握如何安装和配置 DNS 服务器。

9.1 DNS 概述

计算机在网络上通信时只能识别如 203.70.70.1 这样二进制的 IP 地址，但在实际应用中，用户很少直接使用 IP 地址来访问网络中的资源，这主要因为 IP 地址不直观、不方便记忆，而且容易出错，因此通常使用大家都熟悉又方便记忆的计算机名称来访问网络中的资源。因此，网络中就需要有很多域名服务器(DNS)来完成将计算机名称转换为对应的 IP 地址的工作，以便实现网络中计算机的连接。可见 DNS 服务器在 Internet 中起着重要作用。

通过 DNS 服务，不但可以使用域名代替 IP 地址来访问网络服务器，使得网络服务的访问更加简单，而且还可以完美地实现与 Internet 的融合，对于一个网站的推广发布起到非常重要的作用。许多重要的网络服务的实现，也需要借助于 DNS 服务。

本节主要介绍 DNS 的基本概念及 DNS 的名称解析过程。

9.1.1 DNS 的基本概念

DNS 是域名系统(Domain Name System)的缩写，是一种组织成域层次结构的计算机和网络服务命名系统，采用客户机/服务器机制，来实现名称与 IP 地址转换。DNS 命名主要用于 TCP/IP 网络，例如 Internet 网络，允许用户用层次的、友好的名字(如 www.ccidnet.com)代替枯燥而难记的 IP 地址(如 "210.51.0.73")很方便地定位 IP 网络中的计算机和其他资源。DNS 也是传输控制协议/网际协议(TCP/IP)网络的一个协议。当用户在应用程序中输入 DNS 名称时，DNS 服务可以将此名称解析为与之相关的其他信息，如 IP 地址。

如图 9-1 显示了 DNS 的基本使用方法，DNS 根据计算机名称来查找其 IP 地址。

本例中，客户机查询 DNS 服务器，请求解析 DNS 域名为 www.ccidnet.com 的计算机的 IP 地址。DNS 服务器根据其本地数据库做出应答查询，然后服务器将包含 www.ccidnet.com

对应的 IP 地址信息记录回复给客户机。一旦客户机浏览器得到该网站服务器的 IP 地址，就可以开始连接到该 Web 服务器。

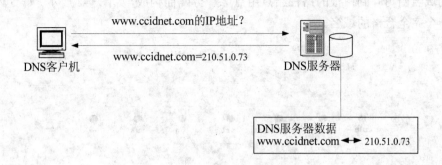

图 9-1　DNS 服务的工作原理

1．域名

Internet 提供了域名(DN，Domain Name)形式来访问每一台主机，域名也由若干部分组成，各部分之间用小数点分开，如 www.ccidnet.com，显然域名比 IP 地址好记忆。域名前加上传输协议信息及主机类型信息就构成了统一资源定位地址(URL，Uniform Resource Locator)，如：http://www.ccidnet.com。

域名是 Internet 网络上的一个服务器或一个网络系统的名字，在全世界，没有重复的域名，域名具有唯一性。从技术上讲，域名只是一个 Internet 中用于解决地址对应问题的一种方法。

DNS 域名是一个层次非常鲜明的逻辑树结构，称为域名空间。任何域名称的结构都是由右向左解释。域名称最右边的部分，是域名称层次结构的最高部分；而域名称的最左边部分，是域名称层次结构的最低部分。

DNS 树的每个结点代表一个 DNS 名字，可以代表 DNS 域、计算机和服务等。每个结点由一个完全合格域名 FQDN(FQDN，Fully Qualified Domain Name)标识，FQDN 是 DNS 域名，能准确表示出它相对于 DNS 域树根的位置。

FQDN 有严格的命名限制，只允许使用字符 a～z、0～9、A～Z 和连接符(-)。小数点(.)只允许在域名标志之间(如"ccidnet.com")或者 FQDN 的结尾使用。域名不区分大小写。

2．域名服务

目前负责管理全世界 IP 地址的单位是国际互联网络信息中心 InterNIC(Internet Network Information Center)，在 InterNIC 之下的 DNS 结构分为若干个域，层次型命名的过程是从树根开始向下进行，根级的域名称为顶级域名，顶级域名有两种划分方法：按地理区域划分和按机构分类划分。地理区域是为每个国家或地区所设置，如中国是 cn，美国是 us，日本是 jp 等。机构分类域定义了不同的机构分类，主要包括：com(商业组织)、edu(教育机构)、gov(政府机构)、ac(科研机构)等。

顶级域名下定义了二级域名结构，如在中国的顶级域名 cn 下又设立了 com、net、org、gov、edu 等组织机构类二级域名，以及按照各个行政区划分的地理域名如 bj(北京)、sh(上海)等。在二级域的下面所创建的域，一般由各个组织根据自己的需求与要求，自行创建和维护。主机是域名命名空间中的最下面一层。域名的层次结构可以看成一个树结构，一个完整的域名由树叶到树根的路径结点用点"．"分隔而构成，如图 9-2 所示。如 www.bj.net.cn 就是一个完全合格的域名。

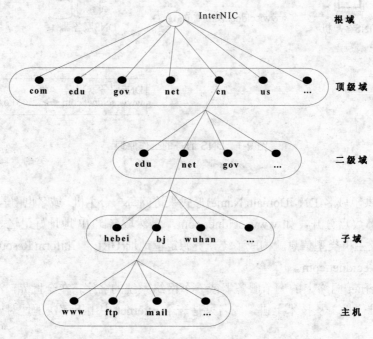

图 9-2　DNS 域名分级

3．域和区域

区域是一个用于存储单个 DNS 域名的数据库，它是域名空间树状结构的一部分，DNS 服务器是以区域为单位来管理域名空间的，区域中的数据保存在管理它的 DNS 服务器中，当在现有的域中添加子域时，该子域既可以包含在现有的区域中，也可以为它创建一个新区域或包含在其他的区域中，一个 DNS 服务器可以管理一个或多个区域，同时一个区域可以由多个 DNS 服务器来管理。

DNS 允许 DNS 名称空间分成几个区域，它存储着有关一个或多个 DNS 域的名称信息。每个区域都位于一个特殊的域结点，但区域并不是域。DNS 域是名字空间的一个分支，而区域一般是存储在文件中的 DNS 名字空间的某一部分，可以包括多个域。一个域可以再分成几部分，每个部分或区域可以由一台 DNS 服务器控制。使用区域的概念，DNS 服务器回答关于自己区域中主机的查询，它是哪个区域的授权。区域可以分为主区域和辅助区域。主区域是进行更新的区域拷贝，而辅助区域则是从主控服务器复制的区域拷贝。

例如，图 9-3 显示了 pku.microsoft.com 区域，sys.pku.microsoft.com 是域 pku.microsoft.com 的子域。

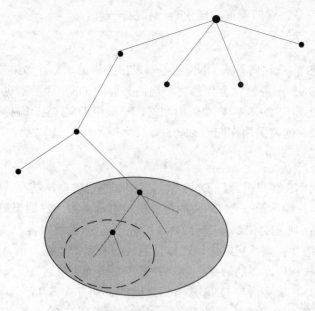

图 9-3　域和区域

　　用户可以配置 DNS 服务器管理一个或多个区域，这取决于用户的需要。创建多个区域，需要把管理任务分配给不同的组，提供有效的数据分配。用户也可以把区域存储在多个服务器上，以提供负载均衡和容错能力。

　　一个 DNS 数据库包含许多资源记录。每一个资源记录标示数据库中的一种特定的资源。

　　一个 DNS 数据库包括多个区域。一个"区域"是包含有与临近的名字空间的域名等资源记录的 DNS 数据库的一部分。

　　区域文件存储在 DNS 服务器上。一个单独的 DNS 服务器能被配置成零区域、一个区域或多个区域。每一个区域都有一个指定的域名作为这个区域的根域名。区域里包含所有以根域名结尾的域名信息。

9.1.2　DNS 解析过程

　　DNS 服务，或者叫域名服务、域名解析服务，就是提供域名与 IP 地址的相互转换。域名的正向解析是将主机名转换成 IP 地址的过程，域名的反向解析是将 IP 地址转换成主机名的过程。通常我们很少需要将 IP 地址转换成主机名，即反向解析。反向解析经常被一些后台程序使用，用户看不到。

　　当 DNS 客户端需要访问 Internet 上某一主机时，首先向本地 DNS 服务器查询对应的 IP 地址，如果查询失败，将继续向另外一台 DNS 服务器查询，直到解析出需要的 IP 地址，这一过程称为查询。客户端发送的每条查询消息都包括三条信息，用来指定服务器回答的问题：指定的 DNS 域名，规定为完全合格的域名 (FQDN)；指定的查询类型，可根据类型指定资源记录，或者指定为查询操作的专门类型；DNS 域名的指定类别，对于 Windows DNS 服务器，它始终应指定为 Internet (IN)类别。

DNS 查询模式有三种：递归查询、迭代查询和反向查询。

1．递归查询

递归查询是指 DNS 客户端向首选 DNS 服务器发出查询请求后，如果该 DNS 服务器内没有所需的数据，则 DNS 服务器就会代替客户端向其他的 DNS 服务器进行查询。在递归查询中，DNS 服务器必须向 DNS 客户端做出回答。一般由 DNS 客户端提出的查询请求，都是递归查询方式。目前通常采用递归查询方式。

2．迭代查询

进行迭代查询时，DNS 客户机允许 DNS 服务器根据自己的高速缓存或区域数据库来做出最佳回答结果。当客户端向第一台 DNS 服务器提出查询请求后，如果第一台 DNS 服务器内没有所需要的数据，则它会提供第二台 DNS 服务器的 IP 地址给客户端，让客户端直接向第二台 DNS 服务器进行查询。它继续该过程直到找到所需的数据为止。如果直到最后一台 DNS 服务器仍没有找到所需要的数据，则通知客户端查询失败。

迭代查询多用于 DNS 服务器与 DNS 服务器之间的查询方式。

图 9-4 显示了迭代查询和递归查询的例子。本例中假设所有 DNS 服务器的数据库中都没有所请求的信息。在本例中，如果 DNS 客户端需要 host1.biem.cn 的 IP 地址时，会产生如下过程。

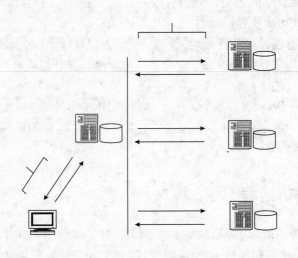

图 9-4　递归查询和迭代查询

(1) 客户机向首选 DNS 服务器发送解析 host1.biem.cn 的递归查询。服务器必须返回答案或错误消息。

(2) 首选服务器检查自己的高速缓存及数据库以寻找答案，但没有找到，所以它向 Internet 授权服务器(即根 DNS 服务器)发送解析 host1.biem.cn 的迭代查询。

(3) 根服务器不知道答案，所以返回一个指针(即.cn 域的 DNS 服务器的 IP 地址)。首选 DNS 服务器向该.cn 域服务器发送解析 host1.biem.cn 的迭代查询。

(4) .cn 域服务器不知道答案，所以它返回一个指针，指向 biem.cn 域的 DNS 服务器。

(5) 首选 DNS 服务器向 biem.cn 域服务器发送解析 host1.biem.cn 的迭代查询。

(6) 如果 biem.cn 域的 DNS 服务器知道答案，它将返回所请求的 IP 地址。

(7) 首选 DNS 服务器用 host1.biem.cn 的 IP 地址应答客户机的查询。

3．反向查询

反向查询是依据 DNS 客户端提供的 IP 地址来查询它的主机名称，由于 DNS 名字空间中域名与 IP 地址之间无法建立直接对应关系，所以必须在 DNS 服务器内创建一个反向查询的区域。由于反向查询会占用大量的系统资源，会给网络带来不安全，因此，一般不提供反向查询。

9.2　安装 DNS 服务器

Domain Name Server(DNS 名称服务器，或简称 DNS 服务器)保存着域名空间中部分区域的数据。根据工作方式的不同，授权名称服务器可以分为主要名称服务器、辅助名称服务器、主控名称服务器和 Cache-Only 名称服务器 4 种。

除了 Internet，在一些稍具规模的局域网中，DNS 服务也都被大量采用。这是因为，DNS 服务不仅可以使网络服务的访问更加简单，而且可以更好地实现与 Internet 的融合。另外，许多重要网络服务(如 E-mail 服务)的实现，也需要借助于 DNS 服务。因此，DNS 服务可视为网络服务的基础。

9.2.1　安装前的准备

要提供 DNS 服务，整个网络至少要有一台计算机安装 Windows Server 2003 系统。但默认情况下 Windows Server 2003 系统中没有安装 DNS 服务器。所以，需要通过手动的方式安装 DNS 服务。需要注意的是，要想使局域网的 DNS 解析能够在 Internet 上生效，除了必须向域名申请机构申请正式的域名外，还必须同时申请并注册 DNS 解析服务。另外，DNS 服务器还必须拥有固定的 IP 地址。

9.2.2　DNS 服务器的安装

DNS 服务是 Windows Server 2003 的一个基本组件，可以根据需要进行安装或者删除。安装方法有以下两种。

方法一：

(1) 单击【控制面板】中【添加/删除程序】图标，打开【添加/删除程序】窗口，在弹出的窗口中单击【添加/删除 Windows 组件】，如图 9-5 所示。

(2) 选中【网络服务】组件，单击【详细信息】按钮，选中【域名系统(DNS)】组件，如图 9-6 所示。

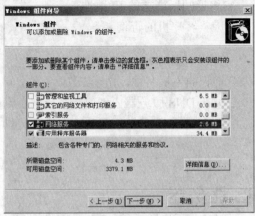

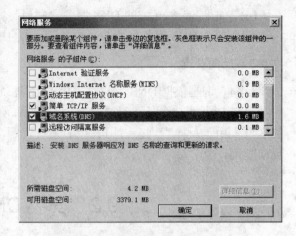

图 9-5　选择网络服务组件　　　　　　　　图 9-6　选择安装 DNS 网络服务

(3)　单击【确定】按钮，关闭【网络服务】对话框，返回【Windows 组件向导】对话框。

(4)　单击【下一步】按钮，启动 Windows 组件安装过程向导。

(5)　向导开始安装 DNS 服务器，并且可能会提示插入 Windows Server 2003 的安装光盘或指定安装源文件，如图 9-7 所示。

(6)　在安装结束时将弹出【Windows 组件向导】完成对话框，如图 9-8 所示。

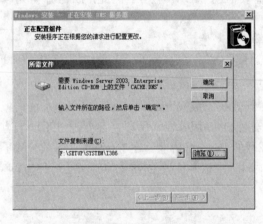

图 9-7　指定系统安装盘或安装源文件　　　　图 9-8　【Windows 组件向导】对话框

(7)　单击【完成】按钮，结束 DNS 服务的安装过程。

管理员可以通过右击【DNS 服务器】，然后在弹出的快捷菜单中选择【所有任务】命令来启动、停止或重新启动 DNS 服务器。

方法二：

(1)　单击【管理工具】中的【配置您的服务器向导】图标，打开如图 9-9 所示的【配置您的服务器向导】对话框，在打开的向导对话框中依次单击【下一步】按钮。

配置向导自动检测所有网络连接的设置情况，若没有发现问题则进入【服务选项】界面，如图 9-10 所示。

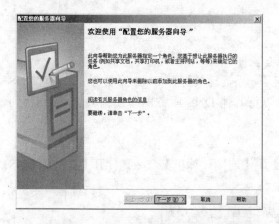

图 9-9　【配置您的服务器向导】对话框

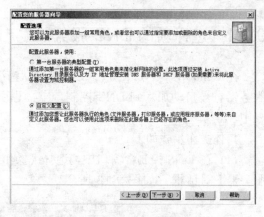

图 9-10　【配置选项】界面

注意：选择【自定义配置】单选按钮即可，然后单击【下一步】按钮。

(2) 在【服务器角色】界面中，选择【DNS 服务器】，单击【下一步】按钮。打开【选择总结】向导界面，如图 9-11 所示。

如果列表中出现【安装 DNS 服务器】和【运行配置 DNS 服务器向导来配置 DNS】，则直接单击【下一步】按钮。否则单击【上一步】按钮重新配置。

(3) 完成安装后，选择【开始】|【程序】|【管理工具】|DNS 命令，启动 DNS 管理控制台，就可以对 DNS 服务器进行配置了，如图 9-12 所示。

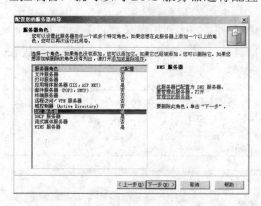

图 9-11　选择【DNS 服务器】角色

图 9-12　DNS 管理控制台

注意：如果要将计算机配置成用于 Active Directory 的 DNS 服务器，可以启动 Active Directory 安装向导，在安装 Active Directory 之后，再自动安装并配置 DNS 服务器。

9.3　DNS 服务器配置与管理

网络中安装完 DNS 服务后，需要对其进行必要的配置，才能为 DNS 客户端提供服务。Windows Server 2003 中提供的 DNS 管理控制台是用于配置和管理 Windows Server 2003 DNS 服务器的主要工具，可以在【管理工具】中选择 DNS 命令来启动它。

9.3.1　选择新的 DNS 服务器

在 Windows Server 2003 系统中，默认情况下，当管理员打开 DNS 控制台后，本地 DNS 服务器将被自动加入到 DNS 控制台中。也可以将其他 DNS 服务器添加到 DNS 控制台列表中。

具体操作步骤如下。

(1) 在 DNS 控制台窗口中，选择【操作】|【连接计算机】命令，打开【连接到 DNS 服务器】对话框，如图 9-13 所示。

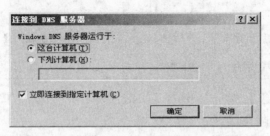

图 9-13　【连接到 DNS 服务器】对话框

(2) 如果用户要在本机上运行 DNS 服务，选中【这台计算机】单选按钮。如果不在本机运行 DNS 服务，选中【下列计算机】单选按钮，然后在【下列计算机】后面的文本框中输入要运行 DNS 服务的计算机的名称。

(3) 如果要立即与某台计算机进行连接，选中【立即连接到指定计算机】复选框。

(4) 单击【确定】按钮，返回到 DNS 控制台窗口，这时在控制台目录树中将显示代表 DNS 服务器的图标和计算机的名称，如图 9-14 所示。

> 注意：如果新的 DNS 服务器被加上红色字符 "×"，则表明 DNS 控制台不能与指定服务器上的 DNS 服务相连接，关于产生的错误类型的详细信息，在 DNS 控制台窗口的右窗格中显示出来。如图 9-15 所示。

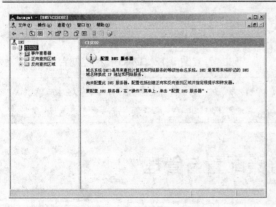

图 9-14　显示服务器图标

图 9-15　DNS 控制台

9.3.2　添加正向搜索区域

配置 Windows Server 2003 DNS 服务器的第一个步骤，是决定 DNS 区域的结构。因为 DNS 的数据是以区域为管理单位。前面已经介绍了区域的相关知识，一台 DNS 服务器可以管理多个区域。因此，必须先建立区域。区域数据库文件名默认为区域名，以 dns 为扩展名。

当初次启动 DNS 管理器并且连接到了一个 DNS 服务器之后，该服务器的图标下面就会自动创建两个文件夹：正向查找区域和反向查找区域，但是它们的内容都是空的。

在大多数 DNS 查询中，客户计算机通常要执行正向搜索，即把名字解析成 IP 地址的过程。要实现正向搜索，首先要创建正向搜索区域。

创建正向搜索区域的操作可以在 DNS 管理控制台中进行。

具体操作步骤如下。

(1)　选择双击【管理工具】中的 DNS 图标，打开 DNS 管理控制台窗口，如图 9-12 所示。

(2)　展开 DNS 服务器目录树，右击【正向查找区域】，在弹出的快捷菜单中选择【新建区域】命令，打开【欢迎使用新建区域向导】对话框。

(3)　单击【下一步】按钮，打开【区域类型】界面，如图 9-16 所示。

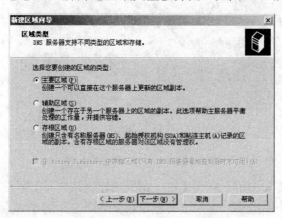

图 9-16　选择要创建的区域类型

可以选择新区域的创建类型有【主要区域】、【辅助区域】和【存根区域】。

- 【主要区域】：是新区域的主要拷贝，该区域保存在标准的文本文件中，它负责在创建的区域所在的计算机上管理和维护区域。
- 【辅助区域】：是现有区域的副本，辅助区域是只读的且被保存在标准文本文件中，创建辅助区域必须先创建并配置主要区域。
- 【存根区域】：这种类型在 Windows 2000 Server 中没有，是 Windows Server 2003 新添加的。它是创建只含有名称服务器、起始授权机构和主机记录的区域副本。含有存根区域的服务器对该区域没有管理权。

如果要创建新的区域，应该选择【主要区域】单选按钮。

(4)　单击【下一步】按钮，打开【区域名称】界面，如图 9-17 所示。在【区域名称】

文本框中输入 biem.com。

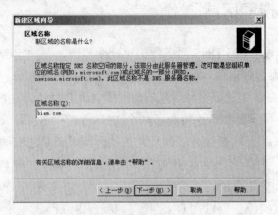

图 9-17　输入创建区域名称

(5)　单击【下一步】按钮，打开【区域文件】界面，如图 9-18 所示，创建 DNS 文件，该文件的默认名为"区域名称.dns"，放在计算机的%systemroot%\system32\dns 目录中。

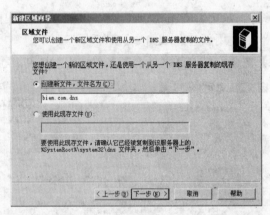

图 9-18　创建一个新区域文件

(6)　单击【下一步】按钮，打开【正在完成新建区域向导】界面。

(7)　单击【下一步】按钮，进入【动态更新】界面，如图 9-19 所示。

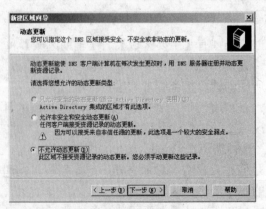

图 9-19　选择是否动态更新

高职高专计算机实用规划教材——案例驱动与项目实践

在此可指定该 DNS 区域是接受安全、不安全或非动态的更新，允许动态更新可以让系统自动地在 DNS 中注册有关信息，在实际应用中比较有用。

- 【只允许安全的动态更新(适合 Active Directory 使用)】：只有在安装了 Active Directory 集成的区域才能使用该项。
- 【允许非安全和安全动态更新】：如果允许任何客户端都可接受资源记录的动态更新，可选择该项；但由于可以接受来自非信任源的更新，则选择此项可能会不安全。
- 【不允许动态更新】：是此区域不接受资源记录的动态更新，使用该项比较安全。

此处选择【不允许动态更新】单选按钮，不接受资源记录的动态更新，以后使用安全的手动方式更新 DNS 记录。

(8) 单击【完成】按钮。结束正向区域的创建工作，新建的正向区域如图 9-20 所示。

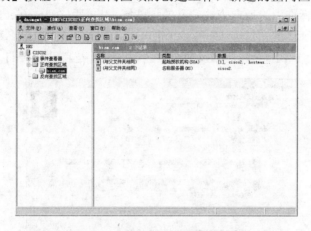

图 9-20　新创建的正向搜索区域

创建辅助区域的过程与创建主要区域的过程类似，不过在选择类型的时候，需要选取"辅助区域"。而且，在创建辅助区域时，会出现一个对话框，让指定标准主要区域，因为辅助区域需要从主要区域中获得名字与 IP 地址对应的数据。可以为辅助区域添加多个主要区域，然后按服务器被联络的顺序排列它们。辅助区域不需要像主要区域一样，选择动态更新的类型。

注意：正向搜索区域支持正向搜索。用户至少配置一个正向搜索区域，DNS 服务才能工作。

如前所述，在一台 DNS 服务器上可以提供多个域名的 DNS 解析，因此可以利用同样的方法创建多个 DNS 区域。

新创建的正向搜索区域中还没有保存主机名和 IP 地址的映射关系(正向区域中无记录)，因此还不能向客户端提供名称解析服务。这需要管理员手动去添加主机名与 IP 地址对应的记录。

9.3.3　添加反向搜索区域

反向搜索是把 IP 地址解析成名字的过程。在网络中，大部分 DNS 搜索都是正向搜索，反向搜索区域并不是必要的，只是在某些应用时起作用，通常是故障搜索工具使用反向搜索方式，来获得主机的名字。

DNS 提供了反向搜索功能，可以让 DNS 客户端通过 IP 地址来查询其主机名称。

具体操作步骤如下。

(1) 在 DNS 管理控制台中右击【反向查找区域】，在弹出的快捷菜单中选择【新建区域】命令，打开【新建区域向导】对话框。

(2) 单击【下一步】按钮，弹出【区域类型】窗口，选择【主要区域】。

(3) 单击【下一步】按钮，打开【反向查找区域名称】界面，输入网络 ID：192.168.0。

这是为需要进行地址到名称转换的反向查找区域指定信息，在此输入 IP 地址，例如：IP 地址为 192.168.0.102，则 192.168.0 网络内的所有反向查找查询都在这里被解析；而反向区域名称的前面半部分默认为网络 ID 的反向书写，而后半部分必须是 in-addr.arpa。in-addr.arpa 是 DNS 标准中为反向查找定义的特殊域，并保留在 Internet DNS 名称空间中，以便切实可靠地执行反向查询。例如，192.168.0 网络的反向查找区域名称为：0.168.192.in-addr.arpa。当输入"网络 ID"时，"反向查找区域名称"是自动获得的，如图 9-21 所示。

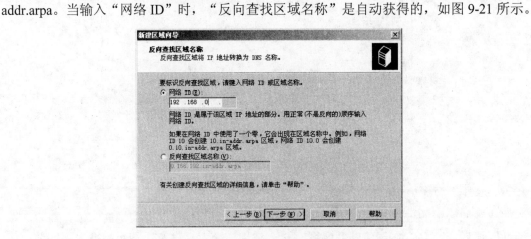

图 9-21　输入反向查找区域名称

(4) 单击【下一步】按钮，创建 DNS 文件，如图 9-22 所示，该文件的默认名为"0.168.192.in-addr.arpa.dns"。该文件存放在计算机的%systemroot%\system32\dns 目录中。

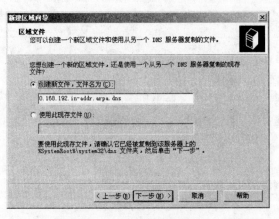

图 9-22　创建区域文件

(5)　单击【下一步】按钮，打开【动态更新】界面，选择动态更新类型，再单击【完成】按钮即可。

此处建议选择【不允许动态更新】类型，以减少来自网络的攻击。

9.3.4　在区域中添加资源记录

对于一个较大的网络，可以在区域内划分多个子区域，为了与域名系统一致也称为域(Domain)。例如：一个校园网中，计算机系有自己的服务器，为了方便管理，可以为其单独划分域，如增加一个"jsj"域，实际上子域和原来的域是共享原来的 DNS 服务器，也可以在这个域下添加主机记录以及其他资源记录(如别名记录等)。

如何创建域？

具体操作步骤如下。

(1)　首先选择要划分子域的区域，如"biem.com"，右击，在弹出的快捷菜单中选择【新建域】命令，如图9-23所示，在打开的【新建 DNS 域】对话框中输入域名"jsj"，单击【确定】按钮完成操作，如图9-24所示。

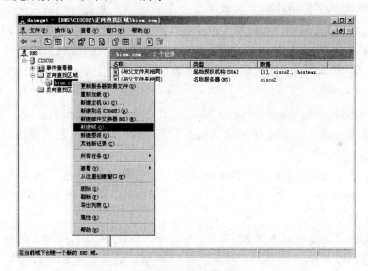

图 9-23　新建子域

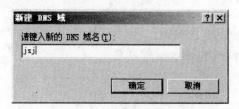

图 9-24　输入域名

(2)　在"biem.com"下面出现"jsj"域，如图9-25所示。

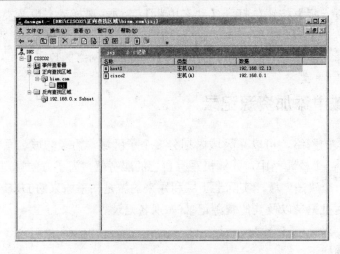

图 9-25　完成创建域

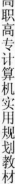

新的区域创建后，"域服务管理器"会自动创建起始机构授权、名称服务器记录。除此之外，DNS 数据库还包含其他的资源记录，用户可自行向主区域或域中进行添加。虽然有许多不同类型的 DNS 记录，但大多数类型并不常用。下面先介绍常见的资源记录类型。

- 起始授权机构，SOA(Start Of Authority)：每个区域在开始处都包含 SOA 资源记录，该记录表明 DNS 名称服务器是 DNS 域中的数据表的信息来源，该服务器是主机名称的管理者，创建新区域时，该资源记录自动创建，而且是 DNS 数据库文件中的第一条记录。

- 名称服务器，NS(Name Server)：该记录表示本区域的授权服务器，为 DNS 域标识 DNS 名称服务器，该资源记录出现在所有 DNS 区域中。创建新区域时，该资源记录自动创建。

- 主机地址，A(Address)：该资源记录将主机名映射到 DNS 区域中的一个 IP 地址。

- 指针 PTR(Point)：该资源记录与主机记录配对，可将 IP 地址映射到 DNS 反向区域中的主机名。

- 邮件交换器资源记录 MX(Mail Exchange)：为 DNS 域名指定了邮件交换服务器。在网络存在 E-mail 服务器，需要添加一条 MX 记录对应 E-mail 服务器，以便 DNS 能够解析 E-mail 服务器地址。若未设置此记录，E-mail 服务器无法接收邮件。

- 别名 CNAME(Canonical Name)：仅仅是主机的另一个名字。管理员可以用别名记录来隐藏用户网络的实现细节。

例如，创建一个 computer.biem.com 的别名：

```
host1.biem.com    IN    CNAME    computer.biem.com
```

下面介绍如何添加主机、指针和别名记录。

1．添加主机记录

主机记录提供一个主机名到一个 IP 地址的映射，来满足 DNS 客户机使用域名，而不是 IP 地址来访问服务器，主机记录提供主机的相关参数(主机名和对应的 IP 地址)。

具体操作步骤如下。

(1) 在【DNS 管理控制台】中右击想更新的区域，从弹出的快捷菜单中选择【新建主机】命令。

(2) 打开【新建主机】对话框，在【名称】文本框中输入主机名"host1"；在【IP 地址】文本框中输入该计算机的 IP 地址：192.168.12.13，然后单击【添加主机】按钮即可，如图 9-26 所示。

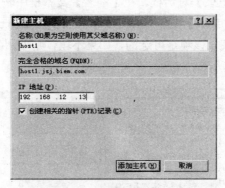

图 9-26　【新建主机】对话框

如果没有在 DNS 管理控制台中创建区域，而在其他地方选择【添加主机】的话，当单击【添加主机】按钮，系统就会报错。

通过以上步骤，管理员可以添加一条主机记录：主机名 host1 到 IP 地址 192.168.12.13 的映射。

并不是所有计算机都需要主机资源记录，但在网络上使用域名的计算机，需要该记录。当主机 IP 地址更改时，使用 DHCP 客户服务在 DNS 服务器上动态注册和更新其主机资源记录。

> 注意：DNS 客户端必须使用 FQDN 名，即主机名 host1+域名 biem.com 去访问目标计算机时，DNS 服务器才能正确进行名称解析，如果不加域名，而直接使用主机名，DNS 将无法解析该主机名，因为 DNS 服务器不知道在哪个区域中查找该主机名记录。

2. 添加指针记录

如果要在与反向查询区域内也建立此主机的反向查询记录，选择【创建关联的指针 (PTR)记录】。只能当反向区域中的 in-addr.arpa 文件存在时才能创建 PTR 记录，否则系统也会报错。

3. 添加别名记录

添加别名记录是为了实现多个主机名对应同一个 IP 地址，创建别名记录对于解析在网络中充当多个角色的同一台服务器是很有用的。例如，一台主机既是文件服务器，也是应用程序服务器，这时就要给这台主机创建多个别名，也就是根据不同的用途起不同的名称。在充当文件服务器时，它的 FQDN 名称为 host1.jsj.biem.com；在充当应用程序服务器时，它的 FQDN 名称为 computer.jsj.biem.com。管理员通过创建别名记录,可以实现无论用户是使用主机名 host1,还是使用别名 computer,最终都可以解析成同一个 IP 地址。

具体操作步骤如下。

(1) 在 DNS 管理控制台中右击想要更新的区域(如:biem.com),从弹出的快捷菜单中选择【新建】命令。

(2) 打开【新建资源记录】对话框,在【别名】文本框中输入"computer";在【目标主机的完全合格的域名(FQDN)】文本框中输入"host1.jsj.biem.com",如果不清楚,可以单击【浏览】按钮进行查找,该项是可选的,如果不填,则使用其父域名称。然后单击【确定】按钮即可,如图 9-27 所示。

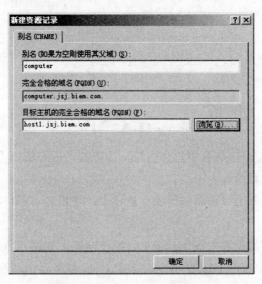

图 9-27　输入目标主机的别名

通过以上操作,管理员可以为主机 host1.jsj.biem.com 来添加一条别名记录 computer.jsjj.biem.com。

4.nslookup 命令的使用

nslookup 是 Windows Server 2003 提供的诊断工具程序,可以监视网络中 DNS 服务器能否正确实现名称解析,使用它可以显示来自域名系统 DNS 服务器的信息。nslookup 只有安装了 TCP/IP 协议后才可以使用。

9.3.5　配置 DNS 客户端

当成功创建和配置了 DNS 服务器后,如果在用户客户机的浏览器中还是无法使用 www.explem.com 这样的域名访问网站。这是因为虽然已经有了 DNS 服务器,但客户机并不知道 DNS 服务器在哪里,因此不能识别用户输入的域名。

所以,当网络中的某台计算机需要使用 DNS 服务器来实现名称解析,则必须将其配置为 DNS 服务器的客户机。

配置 DNS 客户机的方法有两种：自动配置和手动配置。

1．自动配置

从 DHCP 服务器自动获取 DNS 服务器的 IP 地址，即先将 DNS 客户机配置为 DHCP 服务器的客户机，然后通过设置 TCP/IP 选项，将其设置为 DNS 服务器的客户机。

这就需要管理员在 DHCP 服务器上除了配置 IP 地址作用域之外，还要配置其他的 DHCP 选项，如 DNS 服务器选项(即 DNS 服务器的 IP 地址)。在 DHCP 客户机上，用户可以通过配置适当的 TCP/IP 属性，是客户机在自动获得 IP 地址租约的同时，也获得 DNS 服务器的 IP 地址信息。

具体操作步骤如下。

(1)　登录一台 DNS 客户机。

(2)　双击【控制面板】中的【网络和拨号连接】图标，打开【网络和拨号连接】窗口，在【本地连接】图标上右击，在弹出的快捷菜单中选择【属性】命令，打开【Internet 协议(TCP/IP)属性】对话框，如图 9-28 所示。

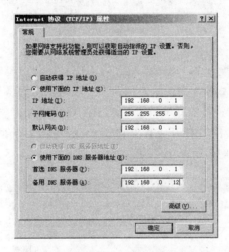

图 9-28　输入 DNS 服务器的 IP 地址

(3)　选择【自动获得 IP 地址】和【自动获得 DNS 服务器地址】单选按钮。

通过以上步骤，可以实现 DNS 客户机的自动配置，即 DNS 客户机可自动从 DHCP 服务器获得 DNS 服务器的 IP 地址信息。

2．手动配置

手动配置是用户在【Internet 协议(TCP/IP)属性】对话框中直接配置 DNS 服务器的 IP 地址信息。

具体操作步骤如下。

(1)　在客户机的【Internet 协议(TCP/IP)属性】对话框中，单击【使用下面的 DNS 服务器地址】单选按钮。

(2)　在【首选 DNS 服务器】文本框中设置刚刚部署的 DNS 服务器的 IP 地址(本例为 192.168.0.1)，作为首选 DNS 服务器的 IP 地址；在【备用 DNS 服务器】文本框中输入 192.168.0.12，作为备用 DNS 服务器的 IP 地址，如图 9-28 所示。

(3) 单击【高级】按钮，打开【高级 TCP/IP 设置】对话框，切换到 DNS 选项卡，如图 9-29 所示。

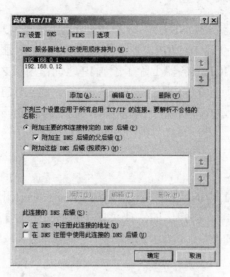

图 9-29 配置 DNS 服务器选项

管理员可以在网络中配置多个 DNS 服务器，但必须指定首选的 DNS 服务器。因为客户机需要查询名称时，首先将查询请求发送到首选的 DNS 服务器，如果首选的 DNS 服务器无法解析，则按照【DNS 服务器地址】列表中的排列顺序，尝试解析 IP 地址。

(4) 单击【添加】按钮，打开【TCP/IP DNS 服务器】对话框，输入其他可用的 DNS 服务器的 IP 地址，如图 9-30 所示。

图 9-30 添加 DNS 服务器 IP 地址

通过上述步骤，管理员可以采用手动的方式来配置 DNS 客户机，实现通过 DNS 服务器解析目标计算机的域名。

9.4 实 践 训 练

9.4.1 任务 1：DNS 服务的安装

任务目标：掌握如何安装 DNS 服务。

包含知识:

(1)　安装前的准备及安装过程。

(2)　添加正向搜索区域。

(3)　添加反向搜索区域。

(4)　在区域中添加资源记录。

实施过程:

1)　在计算机 A 上安装 DNS 服务

2)　配置 DNS 服务器(网络号: 180.<计算机号>.0.0)

(1)　在正向搜索区域中新建区域 biem<计算机号>.com 例: biem33.com

(2)　在 biem<计算机号>.com 区域中添加主机记录:

计算机 A 名—计算机 A 的 IP 地址

计算机 B 名—计算机 B 的 IP 地址

(3)　在 biem<计算机号>.com 区域中添加别名记录:

WWW—计算机 B 名

FTP—计算机 B 名

(4)　添加反向搜索区域 180.<计算机号>。

(5)　添加反向搜索区域的记录:

计算机 A 的 IP 地址—计算机 A 的 FQDN 名

计算机 B 的 IP 地址—计算机 B 的 FQDN 名

3)　将计算机 A、B 分别配置为 DNS 的客户端

常见问题解析:

(1)　安装 DNS 服务时,系统可能会提示插入 Windows Server 2003 的安装光盘或指定安装源文件。

(2)　配置 DNS 服务器之前,要规划好区域和域。

9.4.2　任务 2:观察 DNS 服务器的工作结果

任务目标: 测试 DNS 服务器

包含知识:

(1)　安装 IIS 6.0 的几种方法。

(2)　安装的具体步骤。

实施过程:

(1)　在计算机 A 上执行:

nslookup 计算机 B

nslookup 计算机 B 的 IP 地址

(记录结果)

ping 计算机 B 的 FQDN 名

ping 计算机 B 的别名(www.biem<计算机号>.com)

(ftp. biem<计算机号>.com)

(2) 在计算机 B 上执行：

nslookup 计算机 A

nslookup 计算机 B

(记录结果)

ping 计算机 A 的 FQDN 名

ping 计算机 B 的别名(www. biem<计算机号>.com)

(ftp. biem<计算机号>.com)

常见问题解析：使用 nslookup 测试 DNS 服务器工作情况时，有时无法解析 DNS 服务器的地址，这就需要在配置 DNS 服务器时，添加该服务器域名到 IP 地址的主机记录。

9.5 习　　题

1. 选择题

(1) Windows Server 2003 下测试和诊断 DNS 故障时，最常用的命令是(　　)。

A. netstat　　　　　B. nslookup　　　　　C. route　　　　　D. nbtstat

(2) 在 DNS 控制台(　　)是对 192.168.3.0 反向搜索区域的名称。

A. 3.168.192.reverse.dns　　　　　　　　B. 3.168.192.in.addr.arpa

C. 3.168.192.in_addr.arpa　　　　　　　 D. 0.3.168.192.inaddr_arpa

(3) 下列(　　)域是 rs.glzx.com 的父域。

A. rs　　　　　B. glzx.com　　　　　C. rs.glzx　　　　　D. rs.glzx.com

2. 思考题

(1) 画出 DNS 命名空间结构示意图并进行简单描述。

(2) 简述 DNS 解析名称的过程。

(3) 什么是 DNS 区域？Windows Server 2003 有哪几种区域类型？各有什么特点？

第 10 章　Internet 信息服务

教学提示

Windows Server 2003 家族的 Internet 信息服务(IIS)可在 Internet、Intranet、Extranet 上提供可靠、可伸缩和易管理的集成化 Web 服务器功能，各种规模的组织机构都可以使用 IIS 在 Internet 或 Intranet 上托管和管理 Web 站点及 FTP 站点，或者使用网络新闻传输协议(NNTP) 和简单邮件传输协议(SMTP)传送新闻或邮件。

教学目标

通过本章的学习，要求读者学会在运行 Windows Server 2003 的计算机上安装 IIS 服务，并会创建和配置 Web 站点和 FTP 站点。

10.1　IIS 的安装

10.1.1　IIS 简介

IIS 是 Internet 信息服务器(Internet Information Server)的缩写，是微软公司主推的服务器。它是 Windows Server 2003 的一个非常重要的服务器组件，主要是向客户端提供各种 Internet 服务，包括发布信息、传输文件、支持用户通信和更新这些服务所依赖的数据存储等。

Windows Server 2003 中包含的 IIS 版本是 IIS 6.0。与 Windows 2000 Server 内置的 IIS 5.0 相比，新版的 IIS 6.0 引入了许多新的特征；可以为系统管理员和 Web 应用程序开发人员提供更加可靠、安全、易于管理并且具备高性能的 Web 服务器。IIS 6.0 和 Windows Server 2003 引入了许多有助于提高 Web 应用程序服务器的可靠性、可用性、可管理性、伸缩性以及安全性的新功能。

IIS 6.0 的新功能与特性如下。

1. 可靠性和扩展性

IIS 6.0 使用了一种新的请求处理体系来提供一个隔绝环境，这就使单个 Web 应用程序能够在其各自的、自我包含的工作进程中运行。这种环境可以防止一个应用程序或网站停止另一个应用程序或网站，并且缩短了管理员为了纠正应用程序问题而重新启动服务所需要的时间。因此它比早期版本更可靠。可扩展性进一步的改进和支持包括网络附加存储(NAS) 支持。

2. 增强的安全性

IIS 6.0 提供了多种安全功能和技术，包括各种可确保网站和 FTP 站点内容，以及通过站点传输数据完整性的安全性功能和技术。IIS 安全功能包括下列与安全有关的任务：身份验证、访问控制、加密、证书和审核。为了减少系统受到攻击的风险，默认情况下在允许 Windows Server 2003 的服务器上不安装 IIS。

3．功能强大的管理工具

为了满足不同客户的需求，IIS 6.0 提供了多种控制和管理工具。在改进的 IIS 6.0 中提供普遍深入的管理访问功能，强大的管理能力和灵活的配置管理选项，和更易使用的用户界面。管理员可以用 IIS 管理器、管理脚本或通过直接编辑 IIS 纯文本配置文件来配置运行 IIS 6.0 的服务器。管理员还可以远程管理 IIS 服务器和站点。

4．更强的开发环境

Windows Server 2003 家族通过 ASP.NET 和 IIS 集成，改善了开发人员体验。Microsoft ASP.NET 能识别大多数 ASP 代码，同时为创建可作为 Microsoft.NET Framework 的一部分工作的企业级 Web 应用程序提供更多的功能。使用 ASP.NET 允许充分利用公共语言运行库的功能，如类型安全、继承、语言互操作性和版本控制。IIS 6.0 还为最新的 Web 标准，包括 XML、简单对象访问协议和 Internet 协议版本 6.0 提供支持。

5．应用程序的兼容性

IIS 6.0 与多数已有的应用程序兼容，满足来自于数以千计的客户和解决方案伙伴 ISVs 的应用程序。此外，IIS 6.0 可选配置为运行在 IIS 5.0 的隔离模式下提供了最大的兼容性。

10.1.2　IIS 提供的服务

IIS 可以提供 Web、FTP、SMTP 和 NNTP 四个方面的服务，不但实现了公司内部网络的 Internet 信息服务，而且还使公司网络连接到 Internet 上，为公司的远程客户提供信息服务。具体内容如下：

1．WWW 服务

即万维网发布服务，通过这种服务，在一台安装 Windows Server 2003 的计算机上可以建立多个 Web 站点。Web 服务管理是 IIS 核心组件，这些组件处理 HTTP 请求并配置和管理 Web 应用程序。

2．FTP 服务

即文件传输协议服务，该协议提供计算机之间的文件传输。通过 FTP 服务，一台安装 Windows Server 2003 的计算机上可以建立多个 FTP 站点。尽管现在许多网站使用 HTTP 服务器来实现文件传输，但 FTP 仍然是通过 Internet/Intranet 上传和下载文件时使用最为广泛的服务机制。该服务使用传输控制协议(TCP)，这就确保了文件传输的完成和数据传输的准确。

高职高专计算机实用规划教材——案例驱动与项目实践

3．SMTP 服务

即简单邮件传输协议服务，通过此服务可以将一台安装 Windows Server 2003 的计算机配置成 SMTP 电子邮件发送服务器。SMTP 不支持完整的电子邮件服务。要提供完整的邮件服务，可以使用 Microsoft Exchange Server。

4．NNTP 服务

即网络新闻传输协议，使用 NNTP 服务可以建立公共的、个人的、只读的、仲裁的或被验证的新闻组，并且从其他位于 Internet 上的 NNTP 服务器获取新闻源，以建成一个公共新闻服务器。NNTP 服务不支持复制。要利用新闻流或在多个计算机间复制新闻组，可以使用 Microsoft Exchange Server。

10.1.3　IIS 安装

IIS 6.0 包含在 Windows Server 2003 服务器的四种版本之中：数据中心版，企业版，标准版，Web 版。除了 Windows Server 2003 Web 版之外，Windows Server 2003 的其余版本在安装的时候，默认不再安装 IIS 组件，这样做是为了更好地预防恶意用户和攻击者的攻击。而且，当最初安装 IIS6.0 时，是在高度安全和"锁定"模式下安装的。

用户在运行 Windows Server 2003 的计算机上安装 IIS 之前，要确认以下几个准备工作。

- 静态 IP 地址：需要为安装 IIS 的计算机配置一个静态的 IP 地址，才能通过 IIS 服务器发布信息内容。
- 域名：用户访问网络一般使用域名，因此，需要在网络中安装 DNS 服务器，以实现域名到 IP 地址的解析。
- NTFS 文件系统：IIS 网站的网页最好保存在 NTFS 分区内，以便通过 NTFS 权限来增加网页的安全性。

在 Windows Server 2003 中，安装 IIS 6.0 有以下三种途径。

① 利用【配置您的服务器向导】安装。

② 利用控制面板中的【添加或删除程序】的【添加/删除 Windows 组件】功能。

③ 利用无人值守安装。

本书以第二种方式介绍 IIS 6.0 的安装。

具体操作步骤如下。

(1) 双击【控制面板】中的【添加或删除程序】图标，在打开的对话框中单击【添加/删除 Windows 组件】选项，弹出【Windows 组件向导】对话框。在组件列表中，选中【应用程序服务器】组件，如图 10-1 所示。

(2) 单击【详细信息】按钮，弹出如图 10-2 所示的对话框，选中【Internet 信息服务(IIS)】组件。

图 10-1 【Windows 组件向导】对话框　　图 10-2 【应用程序服务器】对话框

（3）单击【详细信息】按钮，弹出如图 10-3 所示的对话框。选择的子组件包括【Internet 信息服务管理器】、【万维网服务】和【文件传输协议(FTP)服务】。

（4）在【万维网服务】可选组件中包括重要的子组件，如 Active Server Pages 和【远程管理(HTML)】。要查看和选择这些子组件，选中【万维网服务】复选框，然后单击【详细信息】按钮即可，如图 10-4 所示。

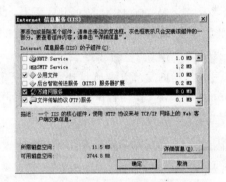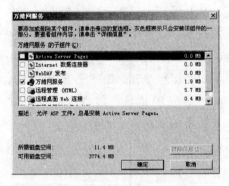

图 10-3 【Internet 信息服务(IIS)】对话框　　图 10-4 【万维网服务】对话框

（5）单击【确定】按钮，然后单击【下一步】按钮，IIS 6.0 开始安装，安装结束后在【完成 Windows 组件向导】对话框中单击【完成】按钮，结束 IIS 的安装。

选择【开始】|【程序】|【管理工具】命令，然后单击【Internet 信息服务管理器】图标，打开【Internet 信息服务(IIS)管理器】窗口，如图 10-5 所示。

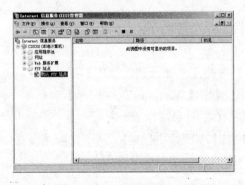

图 10-5 【Internet 信息服务(IIS)管理器】窗口

用户可以使用【Internet 信息服务管理器】控制台来管理 Web 站点、FTP 站点、SMTP虚拟服务器和 NNTP 虚拟服务器。本章只介绍如何使用 IIS 创建和管理 Web 和 FTP 站点。

10.2　Web 服务配置

案例：某公司想实现在公司内部的局域网使用浏览器来查看公司发布的一些公共消息，例如开会通知、值班计划、放假安排等。考虑到公司的需求，管理员首先把这些消息制作成基于网页的信息公告板。然后将信息公告板发布到 IIS 中，这就需要在 IIS 中创建一个Web 站点，公司员工通过访问该 Web 站点就可以查看到信息公告板的内容。

在 Windows Server 2003 中，安装完成 IIS 6.0 后，会自动建立一个"默认网站"，该站点使用默认设置，内容为空。打开【Internet 信息服务(IIS)管理器】窗口，可以看到默认站点。用户可以修改它来作为自己的网站，也可以自己新建立一个网站。

10.2.1　配置默认网站属性

具体操作步骤如下。

(1) 打开【管理工具】中的【Internet 信息服务(IIS)管理器】控制台。

(2) 右击【Internet 信息服务(IIS)管理器】窗口中的【站点】|【默认站点】命令，在弹出的快捷菜单中选择【属性】命令，打开【默认网站 属性】对话框，如图 10-6 所示。该对话框包含以下内容。

图 10-6　【默认网站 属性】对话框

1. 【网站】选项卡

【网站】选项卡可以设置网站的名称、配置对网站的访问权限、设置站点的连接限制，以及启用日志记录并配置站点的日志记录格式。

- 【网站标识】选项组：【描述】文本框可以输入任何名称作为服务器名称。【IP地址】文本框中可以输入 Web 服务器的 IP 地址。若未分配具体 IP 地址，则该站点对已分配给该计算机但未分配给其他站点的所有 IP 地址做出响应。【TCP 端口】

文本框是确定服务运行的端口，默认值是 80。在【SSL 端口】文本框中输入利用 SSL 加密的连接端口，通常只有在采用 SSL 加密时才需要 SSL 端口，默认端口号是 443。

● 【连接】选项组：在【连接超时】文本框中以秒为单位设置服务器断开不活动用户连接之前的时间长短。这将确保在 HTTP 协议无法关闭某个连接时，关闭所有的连接。大多数 Web 浏览器要求服务器在多个请求中保持连接打开，选中【保持 HTTP 连接】复选框，可以极大增强服务器性能的 HTTP 规范。在安装过程中，将默认启用保持 HTTP 连接。

● 【启动日志记录】选项组：可以启用网站的日志记录功能，它可以记录关于用户活动的细节并按所选格式创建日志。

2.【性能】选项卡

【性能】选项卡可以设置影响带宽使用的属性，以及客户端 Web 连接的数量。通过配置给定站点的网络带宽，可以更好地控制该站点允许的流量。例如，通过限制低优先级的网站上的带宽或连接数，可以允许其他高优先级站点处理更多的流量负载。设置是站点特定的，并可随着网络流量和使用情况的改变而进行调整。

3.【ISAPI 筛选器】选项卡

【ISAPI 筛选器】选项卡可以设置 ISAPI 筛选器选项。

ISAPI 筛选器是当 Web 服务器在处理 HTTP 请求时进行响应的程序，例如，当读或写事件发生时将通知筛选器并由其对将返回给客户端的原始数据进行加密。表中列出了每个筛选器的状态(可以启动或禁用)、文件名以及加载到内存的优先级。只能更改具有相同优先级的筛选器的执行顺序。

4.【主目录】选项卡

【主目录】选项卡用于配置主目录、网站的访问权限和应用程序，如图 10-7 所示。主目录用于确定在一个 Web 站点上发布内容的位置。对于主目录的位置，用户可以将主目录的位置设定为本地计算机中的目录、另一台计算机上的共享位置(当提示时，应输入访问该计算机所需的用户名和密码)、或者重定向到 URL。

图 10-7 【主目录】选项卡

- 【此计算机上的目录】：默认的网站主目录是 LocalDrive:\Inetpub\wwwroot (LocalDrive 就是安装 Windows Server 2003 的磁盘驱动器)。也可以单击【浏览】按钮选择其他的文件夹。可先在本地计算机上设置好主目录文件夹和内容，然后在【本地路径】文本框中设置主目录为该文件夹的路径，如图 10-7 所示。
- 【另一台计算机上的共享】：这个单选按钮是将主目录指定到另一台计算机内的共享文件夹，如图 10-8 所示。该文件夹内必须有网页存在，同时必须指定一个有权访问此文件夹的用户名和密码。

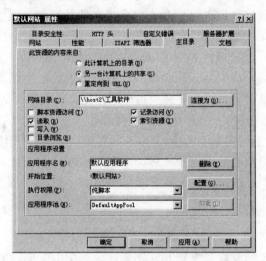

图 10-8　选择【另一台计算机上的共享】单选按钮

- 【重定向到 URL】：重定向用来将当前网站的地址指向其他地址，如图 10-9 所示，将网站定向到 http://www.biem.com/web，这样当用户连接到网站时，所看到的将是 http://www.biem.com/web 网页。

图 10-9　选择【重定向到 URL】单选按钮

访问权限属性出现在当主目录位置使用本地目录或者网络共享目录时。使用这些复选框可以确定目录的访问类型。如果目录位于 NTFS 格式的驱动器上，那么该目录的 NTFS 设置必须与这些设置匹配，否则将采用限制最严的设置。如图 10-7 所示，该部分各个复选框的含义如下。

- 【脚本资源访问】：只有当选择了【读取】或【写入】时才能被选择，如果设置了读取或写入权限，那么选择该复选框允许用户访问源代码。源代码包含 ASP 应用程序中的脚本。

- 【读取】：选择该复选框可以允许用户读取或者下载文件或目录及其相关属性。

- 【写入】：选择该复选框可以允许用户将文件及其相关属性上传到服务器上已启用的目录中，或者更改可写文件的内容。

- 【目录浏览】：选择该复选框可以允许用户看到该虚拟目录中的文件和子目录的超文本列表。因为虚拟目录不会出现在目录列表中，所以用户必须知道虚拟目录的别名。如果禁用了目录浏览并且用户未指定文件名，那么 Web 服务器将在用户的 Web 浏览器中显示"禁止访问"错误消息。

- 【记录访问】：选择该复选框可以将 IIS 配置成在日志文件中记录对此目录的访问。只有启用了该网站的日志记录之后，才会记录访问。

- 【索引此资源】：选择该复选框可以允许 Microsoft 索引服务将此目录包含到网站的全文索引中。

5.【文档】选项卡

【文档】选项卡用于配置默认文档和文档脚注。利用 IIS 6.0 搭建 Web 网站时，默认文档的文件名有五种：Default.htm、Default.asp、index.htm、iisstart.htm 和 Default.aspx，如图 10-10 所示，这也是很多网站中最常用的主页名。当然也可以由用户自定义默认网页文件。

图 10-10 【文档】选项卡

- 【启用默认内容文档】选项组：启用后，只要浏览器请求没有指定文档名称，则将默认文档提供给浏览器。默认文档可以是目录主页或包含站点文档目录列表的索引页。多个文档可以按照自上向下的搜索顺序列出。此处显示的文件可在站点的主目录中找到。使用【上移】和【下移】按钮可以修改顺序。选中【启用默认内容文档】复选框可以使 Web 服务器能够识别默认文档(只要浏览器请求没有指定文档名称)。

- 【启用文档页脚】选项组：选中此复选框可以将 Web 服务器配置成自动附加页脚到 Web 服务返回的所有文档中。页脚文件不应该是完整的 HTML 文档。它应该只包含格式化页脚内容的外观和功能时必要的 HTML 标记。

由于系统默认的主目录在 LocalDrive:\Inetpub\wwwroot 文件夹内，因此只有一个文件名为 iisstart.htm 的网页，当用户浏览该网站时，IIS 服务器会将此网页传递给用户浏览器。

6. 【目录安全性】选项卡

【目录安全性】选项卡可以完成有关 Web 服务器安全特性的设置。

- 【身份验证和访问控制】：该设置用于配置 Web 服务器，使其在指派受限内容的访问权限之前确认用户标识。但是，必须首先创建有效的 Windows 帐户然后配置这些帐户的 NTFS 目录和文件访问权限，Web 服务器才能验证用户的身份；
- 【IP 地址和域名限制】：该设置基于 IP 地址或域名，指派或拒绝特定用户、计算机、计算机组，或域访问该网站、目录或文件；
- 【安全通信】：用于创建 SSL(Security Sockets Layer，安全套接层)密钥对和服务器证书请求。在安装有效服务器证书并将该证书与服务器密钥对绑定前不能使用 Web 服务器的安全通信功能。为了创建 SSL，密钥对和服务器证书请求，必须在作为服务器的计算机上使用 Internet 服务管理器。

7. 【HTTP 头】选项卡

【HTTP 头】选项卡用于配置内容到期时间、自定义 HTTP 头、分级审查和 MIME (Multipurpose Internet Mail Extension：Protocol，多用途的网际邮件扩充协议)映射。

- 【启用内容过期】：对于对时间敏感的材料(例如特定的报价或事件公告)，可以选中【启用内容过期】复选框以包括过期信息。浏览器将当前日期与过期日期相比较以决定是显示一个缓存页，还是从服务器请求一个更新的页面；
- 【自定义 HTTP 头】：可以使用该属性将自定义 HTTP 头从 Web 服务器发送到客户端浏览器。自定义头可用来将当前 HTTP 规范中尚不支持的指令从 Web 服务器发送到客户端，例如产品发布时 IIS 尚不支持更新的 HTTP 头。例如，可以使用自定义 HTTP 头来允许客户端浏览器缓存页面而禁止代理服务器缓存页面；
- 【内容分级】：通过配置内容分级功能，我们可以方便地在 HTTP 标头中嵌入描述性的标签。多数浏览器可以监测该内容标签以帮助用户识别 Web 内容；
- 【MIME 映射】：配置方法和前面的配置计算机属性中的 MIME 映射相同。

8. 【自定义错误】选项卡

【自定义错误】选项卡可以自定义 HTTP 错误消息，当 Web 服务器发生错误时，将此错误消息发送给客户端。管理员可以使用 IIS 提供的一般默认 HTTP1.1 错误或详细的自定义错误文件，或者创建自己的自定义错误文件。

10.2.2　建立新的网站

IIS 6.0 安装完成后，系统会自动建立一个默认网站配置，可以直接利用它来作为自己的网站，这需要将网站内容放到其主目录或虚拟目录中。但为了保证网站的安全，最好重新建立一个网站。如果需要，也可以在一个服务器上建立多个 Web 站点，这样可以节约硬件资源、节省空间，降低能源成本。

在 IIS 6.0 中创建 Web 站点的方法很简单，用户可以通过 Web 站点创建向导，按照向导的步骤提示来完成站点的创建工作。

具体操作步骤如下。

(1) 打开【Internet 信息服务(IIS)管理器】窗口，右击【网站】节点，在弹出的快捷菜单中选择【新建】|【网站】命令，如图 10-11 所示，启动【网站创建向导】对话框。

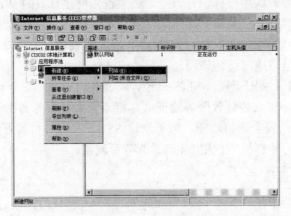

图 10-11　新建网站

(2) 单击【下一步】按钮，在打开的【网站描述】界面【描述】文本框中输入一些关于该网站的内容，这将有助于管理员识别不同的网站，如图 10-12 所示。

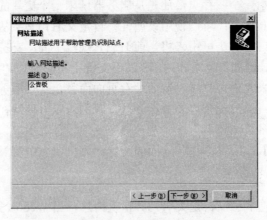

图 10-12　输入【网站描述】界面

(3) 单击【下一步】按钮，在打开的【IP 地址和端口设置】界面中可以更改网站所使用的 IP 地址以及 TCP 端口号，默认为 80，如图 10-13 所示。

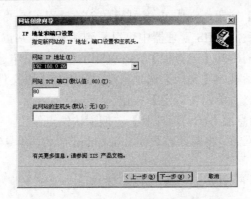

图 10-13　【IP 地址和端口设置】界面

(4)　单击【下一步】按钮，在【网站主目录】界面中输入该网站主目录的路径，如果不清楚的话，可以单击【浏览】按钮进行寻找，然后选择【允许匿名访问网站】复选框，如图 10-14 所示。

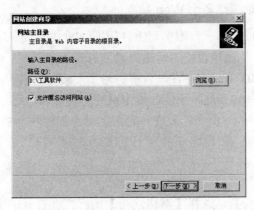

图 10-14　【网站主目录】界面

(5)　单击【下一步】按钮，打开【网站访问权限】界面为主目录设置权限，如图 10-15 所示。这里选择【读取】和【运行脚本】复选框。最好不要选择【写入】复选框，因为它使得用户可以更改目录中的文件，而【浏览】权限也是应该控制的，因为它可以使用户看到目录中的所有文件，这会给安全性带来影响。

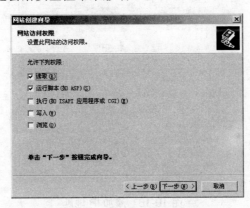

图 10-15　【网站访问权限】界面

(6) 单击【下一步】按钮，完成 Web 站点的创建过程。

(7) 站点创建完成后，在 IIS 管理器中可以看到新建立的站点是停止的，默认站点则处于运行状态，右击刚建的网站【公告板】，在弹出的快捷菜单中选择【属性】命令。

(8) 在【属性】对话框的【文档】选项卡中添加网站主页文件名(如 index.html)，并将其上移至第一个文件，然后单击【确定】按钮。

(9) 在【Internet 信息服务(IIS)管理器】中把默认站点停止，并启动【公告板】，这样就成功地创建了自己的网站。将网站首页用 index.html 命名，并复制到前面指定的网站主目录中。

在一台 Web 服务器上可以创建多个网站，各站点独立运行，互不干扰，这就要求管理员明确管理它们的办法。通常，建立多个 Web 网站可以通过以下三种方法。

- 使用不同 IP 地址创建多个 Web 站点；
- 使用不同端口号创建多个 Web 站点；
- 使用不同主机头创建多个 Web 站点。

1. 使用不同 IP 地址创建多个 Web 站点

出于安全考虑，可以在同一台服务器上使用不同的 IP 地址来区分每个网站，称这种方案为 IP 虚拟主机技术，是比较传统的解决方案。

Windows Server 2003 系统支持在一台服务器上安装多块网卡，并且一块网卡还可以绑定多个 IP 地址。将这些 IP 分配给不同的虚拟网站，就可以达到一台服务器多个 IP 地址来架设多个 Web 网站的目的。例如，要在一台服务器上创建两个网站：www.biem11.com 和 www.biem22.com，对应的 IP 地址分别为 192.168.0.23 和 192.168.0.56，需要在服务器网卡中添加这两个地址。

具体操作步骤如下。

(1) 打开【控制面板】，选择【网络连接】图标，在打开的【网络连接】窗口中右击要添加 IP 地址的网卡的【本地连接】图标，选择快捷菜单中的【属性】命令。在【Internet 协议(TCP/IP)属性】对话框中，单击【高级】按钮，显示【高级 TCP/IP 设置】对话框。单击【添加】按钮将这两个 IP 地址添加到【IP 地址】列表框中，如图 10-16 所示。

图 10-16　添加 IP 地址

（2）　在 DNS 控制台窗口中，利用【新建区域向导】新建两个域，域名称分别为 biem11.com 和 biem22.com，并创建相应主机记录，对应的 IP 地址分别为 192.168.0.23 和 192.168.0.56，使不同 DNS 域名与相应的 IP 地址对应起来，如图 10-17 所示。这样，用户才能够使用不同的域名来访问不同的网站。

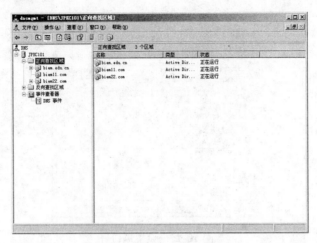

图 10-17　添加 DNS 域名

（3）　打开 IIS 管理器，右击【网站】，在弹出的快捷菜单中选择【新建】|【网站】命令，打开【网站创建向导】对话框，新建一个网站。在显示的【IP 地址和端口设置】界面中的【网站 IP 地址】下拉列表中，分别为网站指定两个 IP 地址，如图 10-18 所示。

当这两个网站创建完成以后，再分别为不同的网站进行配置，如指定主目录、设定要发布的内容等，这样在一台 Web 服务器上就可以创建多个网站了。

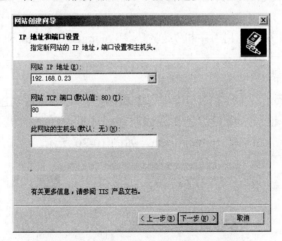

图 10-18　【IP 地址和端口设置】界面

2．使用不同的端口号创建多个站点

当计算机只有一个 IP 地址时，可以使用不同的端口号来创建多个网站。Web 服务器默认的标准 TCP 端口为 80，用户访问是不需要输入的。如果使用非标准 TCP 端口号来标识网站，则用户在输入网址时必须添加上端口号。

例如，Web 服务器已有网站 www.biem.com，使用的 IP 地址是 192.168.0.26，如果要再创建一个网站 ftp.biem.com，其 IP 地址仍为 192.168.0.26，这时可将该网站的 TCP 端口设为非标准端口(如 8080)，如图 10-19 所示。这样当用户访问该网站时，须在其 Web 浏览器地址栏中输入 http:// ftp.biem.com:8080 或 http:// 192.168.0.26:8080，才能访问该站点。

图 10-19　设置端口号

> 注意：如果使用非标准端口号作为网站的唯一标识，需使用大于 1023 的端口号。因为端口号 0～1023 用于标准 TCP/IP 应用程序。

3. 使用不同的主机头创建多个站点

使用主机头来搭建多个具有不同域名的 Web 网站，与利用不同 IP 地址建立虚拟主机的方式相比，这种方案更加经济实用，可以充分利用有限的 IP 地址资源，来为更多的客户提供虚拟主机服务。

例如，在 Web 服务器上利用主机头创建 web.biem.com 和 ftp.biem.com 网站，它们使用同一个 IP 地址：192.168.0.26。

具体操作步骤如下。

(1)　打开【Internet 信息服务(IIS)管理器】窗口，启动【网站创建向导】创建两个网站。

(2)　当显示【IP 地址和端口设置】界面时，在【此网站的主机头】文本框中输入新建网站的域名：web.biem.com 和 ftp.biem.com，如图 10-20 所示。

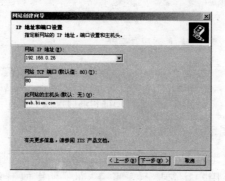

图 10-20　【IP 地址和端口设置】界面

（3）　单击【下一步】按钮，进行其他内容的配置，直至创建完成。

（4）　要修改网站的主机头，可以在已创建好的网站中，右击并在弹出的快捷菜单中选择【属性】命令，在【网站】选项卡中单击【IP 地址】右侧的【高级】按钮，打开【高级网站标识】对话框，如图 10-21 所示。

图 10-21　【高级网站标识】对话框

（5）　选中主机头名，单击【编辑】按钮，打开【添加/编辑网站标识】对话框，就可以修改网站的主机头值，如图 10-22 所示。

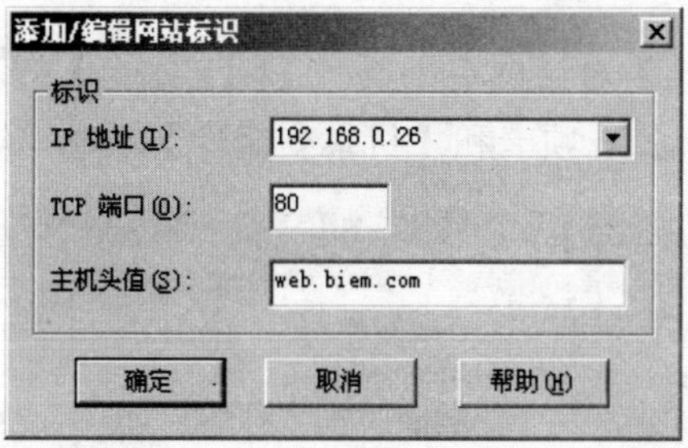

图 10-22　【添加/编辑网站标识】对话框

使用主机头来搭建多个具有不同域名的 Web 网站，与利用不同 IP 地址建立虚拟主机的方式相比，这种方案更为经济实用，可以充分利用有限的 IP 资源，来为更多的用户提供服务。

10.3　FTP 配置

案例：某公司网络的服务器上存放一些常用的办公软件和工具软件，员工可以通过直接访问服务器，来查找并下载自己需要的软件，而不必为此在 Internet 上搜索、下载。针对员工的这些要求，可以有两种方案来解决这个问题：

方案一：在服务器上创建共享文件夹，用于存放常用的软件，员工可以通过访问共享文件夹来查看、复制所需要的软件。

方案二：在服务器上创建一个 FTP 站点，将常用的软件存放到该 FTP 站点上，员工可以通过 IE 浏览器访问该站点，下载所需的软件。

方案一在安全设置方面比较麻烦，也不方便员工使用。所以通常情况下采用方案二，这就需要创建一个 FTP 站点。

FTP(File Transport Protocol，文件传输协议)用于实现客户端与服务器之间的文件传输。尽管目前 Internet 中的大部分文件传输工作都是通过 HTTP(超文本传输协议)完成的，但很多大型的公共网站还是提供了基于 FTP 的文件传输方式。这是因为 FTP 服务的效率更高，对权限控制更为严格，同时 FTP 已经拥有了非常广泛的客户端支持，几乎所有的系统平台(如 Linux、UNIX、Windows 等)都拥有丰富的 FTP 客户端软件。有一些系统平台下的客户端可能无法通过 HTTP 传输文件，但几乎一定能够通过 FTP 进行传输。因此，了解和掌握部署 FTP 服务的技术很有必要。

10.3.1 配置默认 FTP 站点属性

Windows Server 2003 提供的 IIS6.0 服务中内嵌了 FTP 服务，但在默认安装时，没有安装 FTP 服务，需要在安装 IIS 时选择添加【文件传输协议服务】，当该组件安装完成后系统会创建一个【默认 FTP 站点】。通过修改【默认 FTP 站点】的属性就可以部署发布用户的 FTP 服务。

【默认 FTP 站点 属性】对话框中主要有【FTP 站点】选项卡、【安全帐户】选项卡、【消息】选项卡、【主目录】选项卡和【目录安全性】选项卡，如图 10-23 所示。

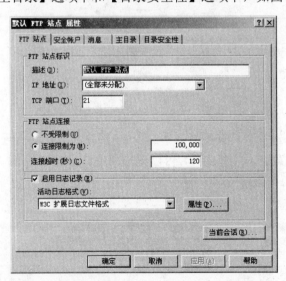

图 10-23 【默认 FTP 站点 属性】对话框

1.【FTP 站点】选项卡

【FTP 站点】选项卡可以设置网站的名称、配置对网站的访问、设置站点的连接限制，

以及启用日志记录并配置站点的日志记录格式。可配置的内容具体如下。

- 【FTP 站点标识】选项组：【描述】文本框中可以随意输入站点的名称，主要是用来在控制台中区分不同站点。【IP 地址】下拉列表框中选择的地址应当在控制面板中定义过。【TCP 端口】默认值为 21，它表示运行该服务所在的端口，该端口号可被更改，但必须唯一。
- 【FTP 站点连接】选项组：这些设置决定了能同时连接到服务器的客户端的数量。
- 【启用日志记录】选项组：选择此选项以启用 FTP 站点的日志功能，它可以记录关于用户活动的细节并按所选格式创建日志。

2.【安全帐户】选项卡

图 10-24　【安全帐户】选项卡

　　【安全帐户】选项卡用于配置匿名访问。通过该选项卡的配置，可以控制可访问服务器的用户，并指定用于登录到计算机的匿名客户请求的帐号。大多数站点允许匿名登录，这时匿名登录的用户权限将使用 IUSR_computername 帐号。

　　【允许匿名连接】复选框：选择该复选框以允许使用 anonymous 用户名的用户登录到 FTP 服务器。使用【用户名】和【密码】文本框设置 Windows 用户帐号以用于所有匿名连接的权限。通常，匿名 FTP 用户将 anonymous 作为用户名，而将电子邮件地址作为密码。FTP 服务将 IUSR_computername 帐号作为所登录的帐号。选择【只允许匿名连接】复选框后，用户就不能使用【用户名】和【密码】登录了，从而避免具有管理权限的帐号访问。如图 10-24 所示。

3.【消息】选项卡

　　【消息】选项卡可以创建在用户连接到 FTP 站点时显示的标题、欢迎和退出消息。

- 【标题】：输入标题消息。在客户端连接到 FTP 服务器之前，该服务器将显示此消息。默认情况下消息为空。
- 【欢迎】：输入欢迎消息。在客户端连接到 FTP 服务器时，该服务器将显示此消息。默认情况下消息为空。

- 【退出】：输入退出消息。在客户端注销 FTP 服务器时，该服务器将显示此消息。默认情况下消息为空。
- 【最大连接数】：输入最大连接数消息。在客户端试图连接到 FTP 服务器但由于 FTP 服务已达到允许的最大客户端连接数而失败时，该服务器显示此消息。默认情况下消息为空。

4．【主目录】选项卡

【主目录】选项卡可以更改 FTP 站点的主目录或其属性。主目录是 FTP 站点中用于已发布文件的中心位置。此选项卡中其他各项都很好理解，这里只对站点目录的访问权限作以说明。

- 【读取】：为允许 FTP 客户从此目录查看目录列表中的目录和读取(下载)文件，必须为此目录设置读权限。以默认方式为所有 FTP 虚拟根目录设置读权限。删除读权限及设置写权限以创建专用目录，用户可向其复制文件，而不能查看其他人留下的文件。
- 【写入】：为使客户能够将文件放到(加载)目录中，必须将此目录设置为写权限。如果目录允许写权限而禁止读权限，则该目录将不出现在目录列表中，但是如果用户知道该目录名，FTP 客户可以转换到该目录，然后将文件载入其中。设置写权限允许用户将文件放置到 FTP 服务器上。

5．【目录安全性】选项卡

【目录安全性】选项卡主要用于配置访问限制。在该选项卡中，通过设定特定 IP 地址的访问权限，可以阻止某些个人或群组接入服务器。

10.3.2　建立新的 FTP 网站

与创建 Web 站点类似，安装完 FTP 服务后，就可以创建 FTP 站点。在 Windows Server 2003 中可以创建常规的 FTP 站点和具有隔离功能的 FTP 站点。

1．创建常规 FTP 站点

具体操作步骤如下。

(1) 打开【Internet 信息服务(IIS)管理器】窗口，右击【FTP 站点】，在弹出的快捷菜单中选择【新建】|【FTP 站点】命令，如图 10-25 所示。进入【FTP 站点创建向导】对话框。

(2) 单击【下一步】按钮，在【描述】文本框中输入站点的名称，然后单击【下一步】按钮。

(3) 输入或单击站点的 IP 地址和 TCP 端口，然后单击【下一步】按钮。

(4) 单击所需的用户隔离选项，在这里选择【不隔离用户】单选按钮，如图 10-26 所示，然后单击【下一步】按钮。

高职高专计算机实用规划教材——案例驱动与项目实践

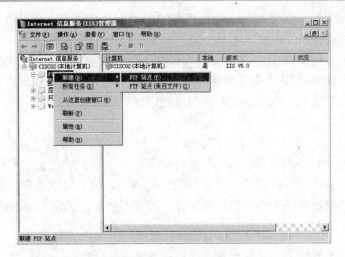

图 10-25 新建 FTP 站点

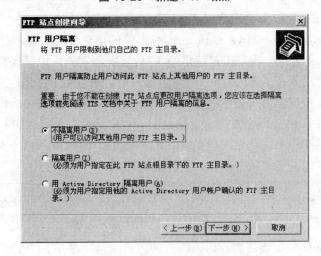

图 10-26 【FTP 用户隔离】界面

(5) 在【路径】文本框中输入或浏览到包含或将要包含共享内容的目录,然后单击【下一步】按钮。

(6) 选中与要指定给用户的 FTP 站点访问权限相对应的复选框,然后单击【下一步】按钮。

(7) 单击【完成】按钮。

2．创建用户隔离功能的 FTP 站点

FTP 用户隔离通过将用户限制在自己的目录中,来防止用户查看和覆盖其他用户的 Web 内容。FTP 用户隔离是 Windows Server 2003 IIS 6.0 新功能,为 Internet 服务提供商(ISP)和应用服务提供商提供了解决方案。配置成"用户隔离"模式的 FTP 站点,可以使用户登录后直接进入属于该用户的目录中,且该用户不能查看或修改其他用户的目录。因为顶层目录就是 FTP 服务的根目录,用户无法浏览目录树的上一层。

FTP 用户隔离是站点属性,不是服务器属性,隔离功能只能在创建站点时选择,无法

为每个 FTP 站点启动或关闭该属性。在创建 FTP 站点是，IIS 6.0 支持三种隔离模式。

- 不隔离用户(常规模式)

  该模式不启用 FTP 用户隔离。该模式的工作方式与以前版本的 IIS 类似。由于在登录到 FTP 站点的不同用户间的隔离尚未实施，所以该模式最适合于只提供共享内容下载功能的站点或不需要在用户间进行数据访问保护的站点。

- 隔离用户

  该模式在用户访问与其用户名匹配的主目录前，根据本机或域帐户验证用户。所有用户的主目录都在单一 FTP 主目录下，每个用户均被安放和限制在自己的主目录中。不允许用户浏览自己主目录外的内容。如果用户需要访问特定的共享文件夹，可以再建立一个虚拟根目录。该模式不使用 Active Directory 目录服务进行验证。

> **注意**：当使用该模式创建了上百个主目录时，服务器性能下降。

- 用 Active Directory 隔离用户

  该模式根据相应的 Active Directory 容器验证用户凭据，而不是搜索整个 Active Directory。是为每个用户指定特定的 FTP 服务器实例，以确保数据完整性及隔离性。当用户对象在 Active Directory 容器内时，可以将 FTPRoot 和 FTPDir 属性提取出来，为用户主目录提供完整路径。如果 FTP 服务能成功地访问该路径，则用户被放在代表 FTP 根位置的该主目录中。用户只能看见自己的 FTP 根位置，因此受限制而无法向上浏览目录树。如果 FTPRoot 或 FTPDir 属性不存在，或它们无法共同构成有效、可访问的路径，用户无法访问。

> **注意**：该模式需要在 Windows Server 2003 家族的操作系统上运行 Active Directory 服务器。也可以使用 Windows 2000 Server Active Directory，但是需要手动扩展 User 对象架构。

当设置 FTP 服务器使用隔离用户时，所有的用户主目录都在 FTP 站点中的二级目录结构下。FTP 站点目录可以在本地计算机上，也可以在网络共享文件夹上。

创建隔离用户模式时，首先要在 FTP 站点所在的 Windows Server 2003 服务器中为 FTP 用户创建一些用户帐户，以便使用这些帐户登录 FTP 站点。接下来开始规划目录结构，要考虑以下几种情况：

- 如果允许匿名访问，需要在 FTP 站点主目录下创建 LocalUser 和 LocalUser\Public 子目录。

- 如果本地计算机用户使用他们各自的用户名登录，而不是作为匿名用户。则在 FTP 站点根目录下创建 LocalUser 和 LocalUser\username 子目录，以允许每个用户连接该 FTP 站点。

- 如果不同域的用户使用显式 domain\username 凭据登录，则需要在该 FTP 站点根目录下为每个域都创建一个子目录。在每个域目录下，为每个用户创建一个目录。

以上情况适用于非 Active Directory 隔离模式，使用 Active Directory 隔离用户时，每个用户的主目录均可放置在任意的网络路径上。

接下来开始创建隔离用户的 FTP 站点。

具体操作步骤如下。

(1) 打开【Internet 信息服务(IIS)管理器】窗口，选择【本地计算机】，右击【FTP 站点】文件夹，在弹出的快捷菜单中选择【新建】|【FTP 站点】命令。

(2) 弹出【FTP 站点创建向导】对话框，单击【下一步】按钮，打开【FTP 站点描述】界面，在【描述】文本框中输入 FTP 站点的描述信息，单击【下一步】按钮。

(3) 打开【IP 地址和端口设置】界面，在【输入此 FTP 站点使用的 IP 地址】下拉列表框中选择主机的 IP 地址，在【输入此 FTP 站点的 TCP 端口】文本框中输入使用的 TCP 端口，系统默认 21。单击【下一步】按钮。

(4) 打开【FTP 用户隔离】界面，选择【隔离用户】单选按钮，单击【下一步】按钮，如图 10-27 所示。

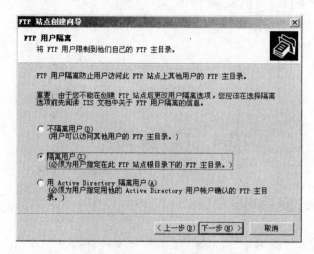

图 10-27　【FTP 用户隔离】界面

(5) 打开【FTP 站点主目录】界面，单击【浏览】按钮，选择目录，单击【下一步】按钮，如图 10-28 所示。

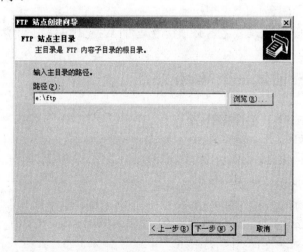

图 10-28　【FTP 站点主目录】界面

(6) 打开【FTP 站点访问权限】界面，在【允许下列权限】选项区域中选择相应的权限，单击【下一步】按钮，如图 10-29 所示。

(7) 单击【完成】按钮，完成 FTP 站点的配置。

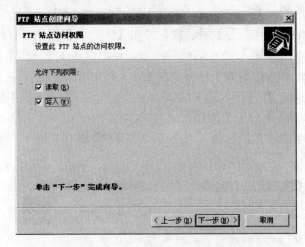

图 10-29 【FTP 站点访问权限】界面

10.4 实 践 训 练

10.4.1 任务 1：安装 IIS 6.0

任务目标：掌握如何在 Windows Server 2003 下安装 IIS 6.0

包含知识：

(1) 安装 IIS 6.0 的几种方法。

(2) 安装的具体步骤。

实施过程：(略)

常见问题解析：安装 IIS 6.0 之前必须检查是否已经正确配置了计算机上的网络服务。

10.4.2 任务 2：创建一个 Web 站点

任务目标：利用 IIS 6.0 架设 Web 站点

包含知识：在 IIS 6.0 中创建一个 Web 站点

实施过程：

(1) Web 站点的名称：我的第一个站点。

(2) Web 站点的 IP 地址：(安装 IIS 计算机的 IP 地址，这里即为本地机) 。

(3) TCP 端口号：80。

(4) Web 站点主目录的路径：D:\web。

(5) Web 站点的访问权限：读取和执行脚本。

常见问题解析：

(1) 网络存放路径也可以选择"另一台计算机上的共享"或"重定向到 URL"将主目录指定为其他计算机，这样操作在实际应用过程中会有什么影响？

因为访问其他计算机资源时需要指定访问权限，从而导致 Web 访问的复杂性，一般情况下不建议这样使用。

(2) 创建 Web 站点中设置默认文档时需要注意哪些问题？

默认文档就是 Web 网站的主页。如果系统未设置默认文档，访问网站时必须指定主页文件名的 URL，否则将无法访问网站主页。默认文档可以是一个，也可以是多个，当有多个默认文档时，Web 服务器安装排列按先后顺序依次调用文档。

10.4.3　任务 3：对刚创建的 Web 站点进行配置

任务目标：(略)

包含知识：配置 Web 站点

实施过程：

(1) 将 Web 站点 TCP 端口号修改为：8080。

(2) 最大连接数设置为 500。

(3) 添加一个用户帐户为 laoliu 的 Web 站点操作员。(可先使用【计算机管理】创建一个用户名为 laoliu 的用户帐户。)

(4) 启用带宽限制，设置该 Web 站点的网络带宽限制为 1024kb/s。

(5) 启用进程限制，最大为 CPU 使用程度为 10%。

(6) 将主目录的路径修改为 E:\web1。

(7) 将站点的默认文档修改为 index.asp。

(8) 由于是在公司内部，因此验证用户身份的方法设置为：匿名访问和集成 Windows 验证。

(9) 限制网络地址为 192.168.2.0，子网掩码为 255.255.255.0 的所有计算机来访问站点。

常见问题解析：(同任务 2)

10.4.4　任务 4：创建 FTP 站点

任务目标：利用 IIS 6.0 架设 FTP 站点

包含知识：在 IIS 6.0 中创建一个 FTP 站点

实施过程：

(1) 站点名称为：常用软件工具。

(2) 站点的 IP 地址为(安装 IIS 计算机的 IP 地址)。

(3) TCP 端口号：21。

(4) 站点的主目录：本地主目录 e:\ftp。

(5) 访问者的权限：读取权限。

常见问题解析：

(1) 配置 FTP 服务时有哪些要求？

虽然 IIS 中的 FTP 服务安装配置较简单，但对用户权限和使用磁盘容量的限制，需要借助 NTFS 文件夹权限和磁盘配额才能实现，不太适合复杂的网络应用。

(2) 当赋予用户写入权限时，如何限制每个用户写入的数据量？

当赋予用户写入权限时，许多用户可能会向 FTP 服务器上传大量的文件，从而导致磁盘空间迅速被占用，为此限制每个用户写入的数据量就成为必要。如果 FTP 的主目录处于 NTFS 卷，则可以使用 NTFS 文件系统的磁盘限额功能来解决此问题。NTFS 文件夹权限要优先于 FTP 站点权限，多种权限设置组合在一起来保证 FTP 服务器的安全。

10.5 习　　题

1．选择题

(1) IIS 服务器使用(　　)协议为客户提供 Web 浏览服务。

　A. FTP　　　　　　B. HTTP　　　　　C. SMTP　　　　　D. NNTP

(2) 在 Windows 2000 Server 系统中安装 IIS 后，WWW 服务器的默认文件夹位置为(　　)。

　A. C:\Inetpub\wwwroot　　　　　　B. C:\Inetpub\ftproot

(3) FTP 服务使用的端口是(　　)。

　A. 21　　　　　　B. 23　　　　　　C. 25　　　　　　D. 53

(4) 从 Internet 上获得软件最常采用(　　)。

　A. www　　　　　B. Telnet　　　　C. FTP　　　　　D. DNS

2．思考题

(1) IIS 6.0 的服务包括哪些？

(2) 如何利用 IIS 构建 Web 站点？Web 站点的日常维护工作有哪些？

(3) 如何利用 IIS 构建 FTP 站点？

第 11 章　活动目录与域

教学提示

活动目录是 Windows 在网络环境下实施管理的核心，是 Windows Server 2003 的重点内容。对于企业来说，活动目录最吸引人的就是统一的身份验证、安全管理以及资源公用，它使现有网络投资升值的同时，降低为使 Windows 网络操作系统更易于管理、更安全、更易于交互所需的全部费用等特点。

教学目标

本章学习活动目录的基本概念，了解相关名词术语；掌握活动目录的安装；实施活动目录配置；实现活动目录域间信任关系。

11.1　活动目录的基本概念

活动目录(Active Directory)，是成就企业基础架构的根本，所有的高级服务都会向活动目录整合并利用其进行统一的身份验证、安全管理以及资源共用。活动目录将成为企业的智能化主管，网络管理者手里的"万能钥匙"。

11.1.1　什么是活动目录

活动目录是 Windows Server 2003 网络体系结构中一个基本且不可分割的部分。它提供了一套为分布式网络环境设计的目录服务。活动目录使得组织机构可以有效地对有关网络资源和用户的信息进行共享和管理。另外，目录服务在网络安全方面也扮演着中心授权机构的角色，从而使操作系统可以轻松地验证用户身份并控制其对网络资源的访问。同等重要的是，活动目录还担当着系统集成和巩固管理任务的集合点。活动目录的这些功能使组织机构可以将标准化的商业规则贯彻于分布式应用和网络资源当中，同时，无须管理员来维护各种不同的专用目录。

活动目录提供了对基于 Windows 的用户帐号、客户、服务器和应用程序进行管理的唯一点。同时，它也帮助组织机构通过使用基于 Windows 的应用程序和与 Windows 相兼容的设备对非 Windows 系统进行集成，从而实现巩固目录服务并简化对整个网络操作系统的管理。公司也可以使用活动目录服务安全地将网络系统扩展到 Internet 上。活动目录因此使现有网络投资升值，同时，降低为使 Windows 网络操作系统更易于管理、更安全、更易于交互所需的全部费用。

活动目录的关键就在于"活动"两个字，千万不要将"活动"两个字去掉而仅仅从"目录"两个字去理解，它是动态的，它是一种包含服务功能的目录，它可以做到"由此及彼"

的联想、映射，如找到了一个用户名，就可联想到它的帐号、出生信息、E-mail、电话等所有基本信息，虽然组成这些信息的文件可能不在一起。同时不同应用程序之间还可以对这些信息进行共享，减少了系统开发资源的浪费，提高了系统资源的利用效率。

活动目录包括两方面：目录和目录相关的服务。目录是存储各种对象的一个物理上的容器，目录管理的基本对象是用户、计算机、文件以及打印机等资源。而目录服务是使目录中所有信息和资源发挥作用的服务，如用户和资源管理、基于目录的网络服务、基于网络的应用管理。活动目录是一个分布式的目录服务。信息可以分散在多台不同的计算机上，保证快速访问和容错；同时不管用户从何处访问或信息处在何处，对用户都提供统一的视图。

在当今网络计算的爆炸性增长的 Internet 时代，微软活动目录还广泛地采用了 Internet 标准，给用户带来了几乎无穷无尽的益处。活动目录集成了关键服务，如域名服务(DNS)，消息队列服务(MSMQ)，事务服务(MTS)等；集成了关键应用，如电子邮件、网管、ERP 等；同时还集成了当今关键的数据访问，如 ADSI、OLE DB 等。

由此看来，活动目录是 Windows 网络体系结构必不可少的、不可分割的重要组件，可以这样说：没有活动目录，就没有 Windows。所以理解活动目录，对于理解 Windows 的整体价值是十分重要的。

要想学好活动目录，首先我们需要学习了解一些活动目录中使用的名词。

1．名字空间

从本质上讲，活动目录就是一个名字空间，我们可以把名字空间理解为任何给定名字的解析边界，这个边界就是指这个名字所能提供或关联、映射的所有信息范围。

通俗地说就是我们在服务器上通过查找一个对象可以查到的所有关联信息总和，如一个用户，如果我们在服务器已给这个用户定义了如：用户名、用户密码、工作单位、联系电话、家庭住址等，那上面所说的总和广义上理解就是"用户"这个名字的名字空间，因为我们只输入一个用户名即可找到上面我所列的一切信息。名字解析是把一个名字翻译成该名字所代表的对象或者信息的处理过程。举例来说，在一个电话目录形成一个名字空间中，我们可以从每一个电话户头的名字解析到相应的电话号码，而不是像现在一样名字是名字，号码归号码，根本不能横向联系。Windows 操作系统的文件系统也形成了一个名字空间，每一个文件名都可以被解析到文件本身(包含它应有的所有信息)。

2．对象

对象是活动目录中的信息实体，也即我们通常所见的"属性"，但它是一组属性的集合，往往代表了有形的实体，比如用户帐户、文件名等。对象通过属性描述它的基本特征，比如，一个用户帐号的属性中可能包括用户姓名、电话号码、电子邮件地址和家庭住址等。

3．容器

容器是活动目录名字空间的一部分，与目录对象一样，它也有属性，但与目录对象不同的是，它不代表有形的实体，而是代表存放对象的空间，因为它仅代表存放一个对象的空间，所以它比名字空间小。比如一个用户，它是一个对象，但这个对象的容器就仅限于

从这个对象本身所能提供信息空间，如它仅能提供用户名、用户密码。其他的如工作单位、联系电话、家庭住址等就不属于这个对象的容器范围了。

4．目录树

在任何一个名字空间中，目录树是指由容器和对象构成的层次结构。树的叶子、结点往往是对象，树的非叶子结点是容器。目录树表达了对象的连接方式，也显示了从一个对象到另一个对象的路径。在活动目录中，目录树是基本的结构，从每一个容器作为起点，层层深入，都可以构成一棵子树。一个简单的目录可以构成一棵树，一个计算机网络或者一个域也可以构成一棵树。

5．域

域是 Windows 网络系统的安全性边界。我们知道一个计算机网络最基本的单元就是"域"，但活动目录可以贯穿一个或多个域。在 Active Directory 中，每个域名系统(DNS)的域名标识为一个域，每个域由一个或多个域控制器管理。例如域名为"biem.com"的域，必须要有一个具有域控制器功能的服务器。在域中，使用域帐户可以登录本域中的任何主机。使用域帐户登录可以访问本域中的所有授权资源。本域中的系统管理员可以通过委派授权域帐户来提高系统的安全性，便于帐户集中管理。Windows Server 2003 创建的第一个域称为根域，是域树中所有其他域的根域，域与 DNS 的域层级有紧密的关系，并与其相似。

6．组织单位

包含在域中特别有用的目录对象类型就是组织单位。组织单位是可将用户、组、计算机和其他单元放入活动目录的容器中，组织单位不能包括来自其他域的对象。组织单位是可以指派组策略设置或委派管理权限的最小作用单位。使用组织单位，用户可在组织单位中代表逻辑层次结构的域中创建容器，这样用户就可以根据自己的组织模型管理帐户、资源的配置和使用，可使用组织单位创建可缩放到任意规模的管理模型。可授予用户对域中所有组织单位或对单个组织单位的管理权限，组织单位的管理员不需要具有域中任何其他组织单位的管理权，组织单位有点像 Windows NT 系统中的工作组，我们从管理权限上来讲可以这么理解。

7．域树

域树由多个域组成，这些域共享同一表结构和配置，形成一个连续的名字空间。树中的域通过信任关系连接起来，活动目录包含一个或多个域树。域树中的域层次越深级别越低，一个"."代表一个层次，如域 child.Microsoft.com 就比 Microsoft.com 这个域级别低，因为它有两个层次关系，而 Microsoft.com 只有一个层次。而域 Grandchild.Child.Microsoft.com 比 Child.Microsoft.com 级别低，道理一样。域树中的域是通过双向可传递信任关系连接在一起。由于这些信任关系是双向的而且是可传递的，因此在域树或树林中新创建的域可以立即与域树或树林中每个其他的域建立信任关系。这些信任关系允许单一登录过程，在域树或树林中的所有域上对用户进行身份验证，但这不一定意味着经过身份验证的用户在域树的所有域中都拥有相同的权利和权限。因为域是安全界限，所以必须在每个域的基础上为用户指派相应的权利和权限。

8. 域森林

域森林是指由一个或多个没有形成连续名字空间的域树组成，它与上面所讲的域树最明显的区别就在于这些域树之间没有形成连续的名字空间，而域树则是由一些具有连续名字空间的域组成。但域森林中的所有域树仍共享同一个表结构、配置和全局目录。域森林中的所有域树通过 Kerberos(网络认证协议)信任关系建立起来，所以每个域树都知道 Kerberos 信任关系，不同域树可以交叉引用其他域树中的对象。域森林都有根域，域森林的根域是域森林中创建的第一个域，域森林中所有域树的根域与域森林的根域建立可传递的信任关系。

9. 站点

站点是指包括活动目录域服务器的一个网络位置，通常是一个或多个通过 TCP/IP 连接起来的子网。站点内部的子网通过可靠、快速的网络连接起来。站点的划分使得管理员可以很方便地配置活动目录的复杂结构，更好地利用物理网络特性，使网络通信处于最优状态。当用户登录到网络时，活动目录客户机在同一个站点内找到活动目录域服务器，由于同一个站点内的网络通信是可靠、快速和高效的，所以对于用户来说，他可以在最短的时间内登录到网络系统中。因为站点是以子网为边界的，所以活动目录在登录时很容易找到用户所在的站点，进而找到活动目录域服务器完成登录工作。

10. 域控制器(DC，Domain Controller)

是域中的管理计算机。域控制器使用 Active Directory 安装向导创建。在网络中创建第一个域控制器的同时，也创建了第一个域、第一个林和第一个站点，并安装了 Active Directory。在 Windows Server 2003 里，域中所有的域控制器都是平等的关系，所有的域控制器在用户访问和提供服务方面都是相同的。

Active Directory 采用多种复制方式。Windows Server 2003 在复制时自动比较 Active Directory 的新旧版，用新版覆盖旧版本。当计算机登录域时，域控制器首先要鉴别这台电脑是否属于这个域的，用户使用的登录帐号是否存在、密码是否正确。如果以上信息有一样不正确，那么域控制器就会拒绝这个用户从这台电脑登录。不能登录，用户就不能访问服务器上有权限保护的资源，他只能以对等网用户的方式访问 Windows 共享出来的资源，这样就在一定程度上保护了网络上的资源。

11.1.2 活动目录的架构

要深入理解活动目录。必须从它的逻辑结构和物理结构入手。本节先介绍活动目录的逻辑结构。

活动目录允许组织机构按照层次式的、面向对象的方式存储信息，并且提供支持分布式网络环境的多主复制机制。

活动目录使用对象来代表诸如用户、组、主机、设备及应用程序这样的网络资源。它

使用容器来代表组织(如市场部)或相关对象的集合(如打印机)。它将信息组织为由这些对象和容器组成的树结构,这与 Windows 操作系统用目录和文件来组织一台计算机上信息的方法非常类似。

此外,活动目录通过提供单一、集中、全面的视图来管理对象集合和容器集合间的联系。这使得资源在一个高度分布式的网络中更容易被定位、管理和使用。活动目录的层次式结构具有灵活性并且可以进行配置,因此,组织机构能够按照一种优化自身可用性和管理能力的方法对资源进行组织。

在图 11-1 中,容器用来代表用户、主机、设备和应用程序的集合。容器可以被嵌套(在一个容器中创建另一个容器),从而精确反映公司内部的组织结构。将对象组织在目录中允许管理员在一个宏观层次上(作为集合)管理对象而非采取一对一的方式。这种方式在允许组织机构根据其自身商务运作来安排网络管理的同时,更增加了管理的效率和准确性。

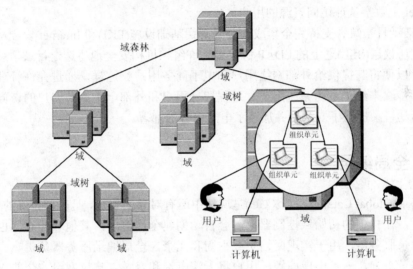

图 11-1　活动目录使用层次化方式组织

活动目录用对象的形式存储有关网络元素的信息。这些对象可以被设置属性来描述对象的特征。这种方式允许公司在目录中存储各种各样的信息并且密切控制对信息的访问。对象和属性级安全性允许管理员精确控制对存储在目录中的信息访问。

为了在分布式环境中提供高性能、可用性和灵活性,活动目录使用多主复制。这种机制允许组织机构创建被称作目录复制的多个目录拷贝,并把它们放置在网络中的各个位置上。网络中任一位置上的变更都将自动被复制到整个网络上(这与单主复制机制相反,在单主复制中,所有变更必须针对单一的、授权的目录复制)。

例如,完全同步的目录复制能够使活动目录在广域网(WAN)中的每个位置上均可使用。因为用户可以使用本地目录服务而非在广域网中漫游来定位资源,该过程能够向用户提供更高速的网络性能。根据可用的管理资源情况,这些相同的目录可在本地或远程进行管理。

从上面我们对活动目录的逻辑结构的介绍,我们可以看出:活动目录的这种层次结构能帮助我们简化管理、加强网络安全、轻易地查找所需要的对象和资源,在大型企业网络环境下我们再也不会因为找不到共享资源而头痛。

11.1.3　活动目录的安全性

Windows Server 2003 服务器最主要的结构优势之一便是它对活动目录以及活动目录中实现新层次上数据保护的先进安全特征的集成。这对于通过 Internet 进行商务活动的组织机构尤为重要。

活动目录充当管理用户身份和网络资源控制访问验证的中央授权机构。它支持一系列用于在登录到 Windows Server 2003 这一层次之上证明身份的验证机制,包括 Kerberos,x.509认证以及智能卡。一旦用户通过身份验证并登录,系统中的所有资源便被保护起来,同时,用户的访问根据一个单一的身份验证模型被准许或拒绝。这就意味着组织机构不必使用两种方法进行资源访问,其中一种方法针对通过内部网络登录的用户,而另一种方法则针对通过 Internet 上数字认证访问资源的用户。

另外,活动目录缺省支持完全集成的公开密钥基础设施(PKI)和 Internet 安全协议——如安全套接字协议层(SSL)之上的 LDAP 协议来允许组织机构安全地将选定目录信息扩展到防火墙之外,以便将其提供给外部网络用户和电子商务用户。这样,通过允许管理员使用相同的工具和步骤来维护桌面系统用户、远程拨号用户和外部电子商务客户的访问控制和用户权限,活动目录加强了安全性并加速了电子商务的部署。

11.1.4　全局编录

全局编录(Global Catalog,简称 GC)是域林中所有对象的集合,是一台特殊的域控制器。默认情况下,在林中的初始域控制器上,会自动创建全局编录,其他域控制器也可以被指派为全局编录服务器,用于实现网络负载平衡和冗余。全局编录服务器负责响应网络中所有的全局编录查询,一旦出现问题,用户将无法查询和登录。建议网络安全要求较高的用户,配置多台全局编录服务器,以提高系统的可用性和可靠性。但需要注意的是,网络中GC 之间的复制可能会增加一定的网络带宽开销。

当林中只有一个域时,则不必在登录时从全局编录获取通用组成员身份。因为 Active Directory 可以检测到林中没有其他域,并将阻止向全局编录查询此信息。

域控制器中存储的数据都是用户搜索操作中最常用的部分,可以为用户提供高效的搜索,避免再去调用域控制器中的 Active Directory 数据库对网络性能带来的影响。全局编录的主要功能如下:

1. 查找对象

全局编录允许用户在林中的所有域中搜索目录信息,无论目标数据存储在什么位置,都将以最快的速度和最低的网络流量在林中执行搜索。

2. 提供用户主体名称身份验证

当验证域控制器无法识别用户帐户时,全局编录服务器会解析主体名称(User Principal Name,简称 UPN),从而确定其属于林中的哪个域。例如,如果某帐户属于 a.biem.edu,并且使用 user@a.biem.edu 的 UPN 名称从一台位于 b.biem.edu(注意，用户是在使用另一个域的帐户进行登录)的计算机上登录，则此时 b.biem.edu 无法为该用户提供身份验证，必须与全局编录服务器联系，经确认后该用户帐户才能顺利登录。

3．验证林内的对象引用

域控制器使用全局编录验证对林内其他域的对象的引用。当域控制器保留其属性包含对其他域中对象引用的目录对象时，域控制器将通过与全局编录服务器联系来验证引用的合法性。

4．提供多域环境中的通用组成员身份信息

域控制器可以始终发现其域中任何用户的本地组和全局组成员身份，并且这些组的成员身份信息是不被存储在全局编录服务器上的。在单域林环境中，域控制器可以始终发现通用组成员身份，但通用组可以包含来自不同域的成员，因此将通用组的成员身份信息复制到全局编录服务器，可以提供更广范围的帐户身份信息验证。在多域林环境中的用户登录到允许通用组的域时，域控制器必须与全局编录服务器联系，以检索用户可能在其他域中具有的任何通用组成员身份。

如果用户登录到通用组可用的域时，全局编录服务器不可用，则用户的客户端计算机可以使用缓存凭据登录；如果用户在此之前并未登录到过该域，则用户只能登录到本地计算机。

11.2　活动目录的安装

理解了活动目录的原理之后，现在我们就可以进行活动目录的安装与配置了，活动目录的安装配置过程并不是很复杂，因为 Windows 中提供了安装向导，只需按照提示一步步按系统要求设定即可。但安装前的准备工作显得比较复杂，只有充分理解了活动目录的前提下才能正确地安装配置活动目录。下面详细地介绍一下活动目录的安装准备与配置过程。

11.2.1　活动目录安装前的准备

"活动目录"是整个 Windows 系统中的一个关键服务，它不是孤立的，它与许多协议和服务有着非常紧密的关系，还涉及整个 Windows 系统的系统结构和安全。

1．安装活动目录的必备条件

(1) 选择操作系统：Windows Server 2003 中除了 Web 版的不支持活动目录外，其他的 Standard 版，Enterprise 版，Datacenter 版都支持活动目录。

(2) DNS 服务器：活动目录与 DNS 是紧密集成的，活动目录中域的名称的解析需要 DNS 的支持。而域控制器(装了活动目录的计算机就成为域控制器)也需要把自己登记到 DNS 服务器内，以便让其他的计算机通过 DNS 服务器查找到这台域控制器，所以我们必须准备一台 DNS 服务器。同时 DNS 服务器也必须支持本地服务资源记录(SRV 资源记录)和动态更

新功能。

由于活动目录与DNS(域名系统)集成,共享相同的名称空间结构,因此注意两者之间的差异非常重要。

DNS是一种名称解析服务,DNS客户机向配置的DNS服务器发送DNS名称查询。DNS服务器接收名称查询,然后通过本地存储的文件解析名称查询,或者查询其他DNS服务器进行名称解析。DNS不需要活动目录就能运行。

活动目录是一种目录服务,活动目录提供信息存储库以及让用户和应用程序访问信息的服务。活动目录客户使用"轻量级目录访问协议"(Lightweight Directory Access Protocol,LDAP)向活动目录服务器发送查询。要定位活动目录服务器,活动目录客户机将查询DNS。活动目录需要DNS才能工作。

即活动目录用于组织资源,而DNS用于查找资源;只有它们共同工作才能为用户或其他请求类似信息的过程返回信息。DNS是活动目录的关键组件,如果没有DNS,活动目录就无法将用户的请求解析成资源的IP地址,因此在安装和配置活动目录之前,我们必须对DNS有深入的理解。

(3) 一个NTFS磁盘分区:安装活动目录过程中,SYSVOL文件夹必须存储在NTFS磁盘分区。SYSVOL文件夹存储着与组策略等有关的数据。所以我们必须要准备一个NTFS分区。当然,我们现在很少碰到非NTFS的分区(比如FAT、FAT32等)。

(4) 设置本机静态IP地址和DNS服务器IP地址:大多时候我们安装过程不顺利或者安装不成功,都是因为我们没有在要安装活动目录的这台计算机上指定DNS服务器的IP地址以及自身的IP地址。

2. 安装DNS前的准备

安装"活动目录"没有安装一般Windows组件那么简单,在安装前要进行一系列的策划和准备。否则,轻则根本无法享受到活动目录所带来的优越性,重则不能正确安装"活动目录"这项服务。

(1) 首先是要规划好整个系统的域结构。

活动目录可包含一个或多个域,如果整个系统的目录结构规划得不好,层次不清就不能很好地发挥活动目录的优越性。在这里选择根域(就是一个系统的基本域)是一个关键,根域名字的选择可以有以下几种方案。

- 可以使用一个已经注册的DNS域名作为活动目录的根域名,这样的好处在于企业的公共网络和私有网络使用同样的DNS名字。
- 我们还可使用一个已经注册的DNS域名的子域名作为活动目录的根域名。
- 为活动目录选择一个与已经注册的DNS域名完全不同的域名。这样可以使企业网络在内部和互联网上呈现出两种完全不同的命名结构。
- 把企业网络的公共部分用一个已经注册的DNS域名进行命名,而私有网络用另一个内部域名,从名字空间上把两部分分开,这样做就使得每一部分要访问另一部分时必须使用对方的名字空间来标识对象。

在Windows Server 2003中,一般推荐使用第一种:用一个已经注册的DNS名称命名活动目录域。选择DNS名称用于活动目录域时,以保留在Internet上使用的已注册DNS域名后缀开始(如 microsoft.com)，并将该名称和单位中使用的地理(部门)名称结合起来，组成活动目录域的全名。例如，microsoft 的 sales 组可能称他们的域为"sales.microsoft.com"。这种命名方法确保每个活动目录域名是全球唯一的。而且，这种命名方法一旦被采用，使用现有名称作为创建其他子域的父名称以及进一步增大名称空间以供单位中的新部门使用的过程将变得非常简单。

(2) 进行域和帐户命名策划。

因为使用活动目录的意义之一就在于使内、外部网络使用统一的目录服务，采用统一的命名方案，以方便网络管理和商务往来。活动目录域名通常是该域的完整 DNS 名称。在创建用户帐户时，管理员输入其登录名并选择用户主要名称。活动目录命名策略是企业规划网络系统的第一个步骤，命名策略直接影响到网络的基本结构，甚至影响网络的性能和可扩展性。活动目录为现代企业提供了很好的参考模型，既考虑到了企业的多层次结构，也考虑到了企业的分布式特性，甚至为直接接入 Internet 提供完全一致的命名模型。

所谓用户主要名称是指由用户帐户名称和表示用户帐户所在的域的域名组成。这是登录到 Windows 域的标准用法。标准格式为：user@domain.com(像个人的电子邮件地址)。但不要在用户登录名或用户主要名称中加入"@"号。活动目录在创建用户主要名称时自动添加此符号。包含多个"@"号的用户主要名称是无效的。

在活动目录中，默认的用户主要名称后缀是域树中根域的 DNS 名。如果用户的单位使用由部门和区域组成的多层域树，则对于底层用户的域名可能很长。对于该域中的用户，默认的用户主要名称可能是 grandchild.child.root.com。该域中用户默认的登录名可能是 user@grandchild.child.root.com。这样用户登录时就要输入的用户名可能太长，输入起来就非常不方便，Windows 为了解决这一问题，规定在创建主要名称后用户只要在根域后加上相应的用户名，使同一用户使用更简单的登录名 user@root.com 就可以登录，而不是前面所提到的那一长串。

(3) 规划用户的域结构。

最容易管理的域结构就是单域。规划时，用户应从单域开始，并且只有在单域模式不能满足用户的要求时，才增加其他的域。单域可跨越多个地理站点，并且单个站点可包含属于多个域的用户和计算机。在一个域中，可以使用组织单元(OU，Organizational Units)来实现这个目标。然后，可以指定组策略设置并将用户、组和计算机放在组织单位中。

(4) 规划用户的委派模式。

用户可以将权限下派给单位中最底层部门，方法是在每个域中创建组织单位树，并将部分组织单位子树的权限委派给其他用户或组。通过委派管理权限，用户不再需要那些定期登录到特定帐户的人员，这些帐户具有对整个域的管理权。尽管用户还拥有带整个域的管理授权的管理员帐户和域管理员组，可以仍保留这些帐户以备少数管理员偶尔使用。

(5) 最后要注意设置规划好域间的信任关系。

对于 Windows 计算机，通过基于 Kerberos 安全协议的双向、可传递信任关系启用域之间的帐户验证。在域树中创建域时，相邻域(父域和子域)之间自动建立信任关系。在域林中，在树林根域和添加到树林的每个域树的根域之间自动建立信任关系。如果这些信任关系是可传递的，则可以在域树或域林中的任何域之间进行用户和计算机的身份验证。

11.2.2　活动目录的安装

　　所有的新安装都是安装成为成员服务器，如果用户在新安装服务器时选择安装了"活动目录"选项，则系统就会出现类似于"如果您此时安装活动目录则系统中的所有域名就不能再次改变……"之类的提示。一般情况下我们在新安装系统时不选择安装活动目录，以便我们有时间来具体规划与活动目录有关的协议和系统结构。目录服务都需要事后用dcpromo的命令特别安装。目录服务还可以使用 dcpromo 命令进行卸载，系统会自动区分是域控制器还是成员服务器。

　　dcpromo 是一个图形化的向导程序，引导用户一步一步地建立域控制器，可以新建一个域森林，一棵域树，或者仅仅是域控制器的另一个备份，非常方便。很多其他的网络服务，比如 DNS Server、DHCP Server 和 Certificate Server 等，都可以在以后与活动目录集成安装，便于实施策略管理等。

　　要想安装活动目录，必须有安装活动目录的管理员权限，否则无法安装。

　　具体操作步骤如下。

　　(1) 在计算机上打开【运行】对话框，在【打开】文本框中输入 dcpromo 命令， 单击【确定】按钮，如图 11-2 所示。

图 11-2　输入 dcpromo 命令

　　(2) 在弹出的如图 11-3 所示的【Active Directory　安装向导】对话框中，单击【下一步】按钮。

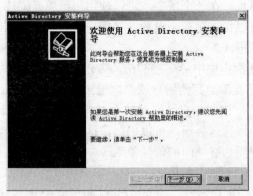

图 11-3　【Active Directory　安装向导】对话框

　　(3) 弹出【操作系统兼容性】界面，在此提示关于操作系统的兼容性的信息，如图 11-4 所示。

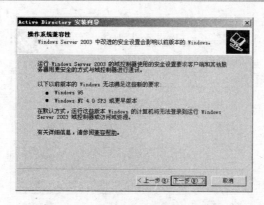

图 11-4　【操作系统兼容性】界面

(4) 单击【下一步】按钮，弹出【域控制器类型】界面。在此选择域控制器的类型是【新域的域控制器】还是【现有域的额外域控制器】。如果是安装第一台域控制器，此处应选中【新域的域控制器】单选按钮，如图 11-5 所示。

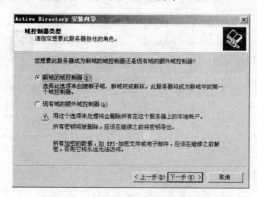

图 11-5　【域控制器类型】界面

(5) 单击【下一步】按钮，弹出【创建一个新域】界面，在此选择要创建的域的类型，此处选中【在新林中的域】单选按钮，如图 11-6 所示。

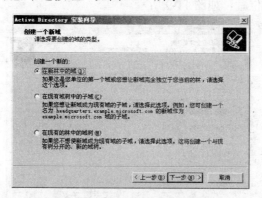

图 11-6　【创建一个新域】界面

(6) 单击【下一步】按钮，弹出【新的域名】界面，在此为要创建的域指定 DNS 名称，如图 11-7 所示。

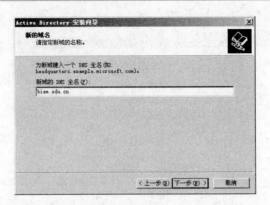

图 11-7 【新的域名】界面

(7) 单击【下一步】按钮，弹出【NetBIOS 域名】界面，在此指定新域的 NetBIOS 名。默认情况下，系统会使用 DNS 名称中最前面的部分作为 NetBIOS 名，也可以根据自己的需要手工指定另外一个名称作为新域的 NetBIOS 名称，如图 11-8 所示。

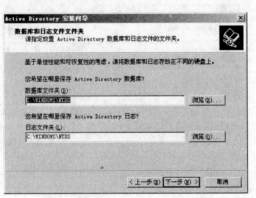

图 11-8 【NetBIOS 域名】界面

(8) 单击【下一步】按钮，弹出【数据库和日志文件文件夹】界面，在此选择活动目录数据库和日志的存放位置，如图 11-9 所示。

图 11-9 【数据库和日志文件文件夹】界面

(9) 单击【下一步】按钮，弹出【共享的系统卷】界面，在此指定 SYSVOL 文件夹的位置，SYSVOL 文件夹必须存放在 NTFS 分区内，否则安装无法进行，如图 11-10 所示。

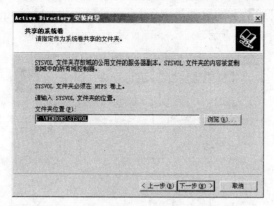

图 11-10　【共享的系统卷】界面

(10) 单击【下一步】按钮，系统会去查找 DNS 服务器是否正常工作。若未安装 DNS 服务器，此处应选择【在这台计算机上安装并配置 DNS 服务器，并将这台 DNS 服务器设为这台计算机的首选 DNS 服务器】单选按钮，如图 11-11 所示。

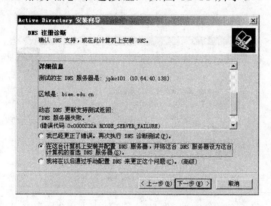

图 11-11　【DNS 注册诊断】界面

(11) 单击【下一步】按钮，弹出【权限】界面，在此选择用户和组的默认权限，如图 11-12 所示。

图 11-12　【权限】界面

(12) 单击【下一步】按钮，弹出【目录服务还原模式的管理员密码】界面。在此需要指定【目录服务还原模式】下的管理员密码，这个密码是 Administrator 帐号在修复目录服务时使用的密码，如图 11-13 所示。

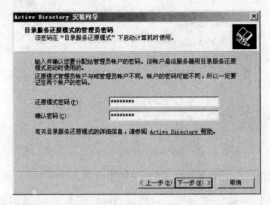

图 11-13   【目录服务还原模式的管理员密码】界面

(13) 单击【下一步】按钮，弹出【摘要】界面。此处显示之前所进行过的配置，如图 11-14 所示。

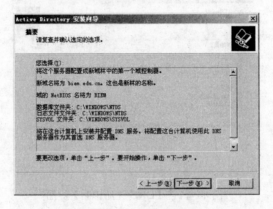

图 11-14   【摘要】界面

(14) 单击【下一步】按钮，开始安装活动目录，如图 11-15 所示。

图 11-15   安装活动目录

(15) 如果安装文件未准备好，安装时会要求提供安装文件的路径。单击【浏览】按钮指定或者手动输入都可以。

(16) 根据计算机的不同，活动目录的安装过程可能需要几分钟到几十分钟之间，完成后可看到如图 11-16 所示的向导对话框，表示安装成功。

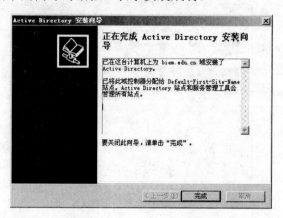

图 11-16　活动目录安装完成

(17) 单击【完成】按钮。

(18) 单击【立即重新启动】按钮，重新启动服务器。重启后，就是一台域控制器了。到此为止，域控制器安装成功。

(19) 在活动目录安装之后，主要有五个活动目录的微软控制管理界面(MMC)，一是【Active Directory 用户和计算机管理】，主要用于实施对域的管理。二是【Active Directory 的域和信任关系】的管理，主要用于管理多域的关系。三是【Active Directory 的站点和服务管理】，可以把域控制器置于不同的站点。一般局域网的范围内，为一个站点，站点内的域控制器之间的复制是自动进行的。站点间的域控制器之间的复制，需要管理员设定，以优化复制流量，提高可伸缩性。四是【域安全策略的管理】。五是【域控制器安全策略的管理】。

11.3　活动目录的设置

11.3.1　把计算机加入到域

当一个计算机要登录到域时，管理员先要为该计算机创建一域用户帐号，这台计算机凭这个域用户帐户才能登录到域，共享域中资源，登录域的同时该计算机原本地用户帐户失效。把计算机加入到域的过程如下。

具体操作步骤如下。

(1) 在【我的电脑】上单击鼠标右键，在弹出的快捷菜单中选择【属性】命令，在弹出的【系统属性】对话框中切换到【计算机名】选项卡，如图 11-17 所示。

图 11-17　打开计算机属性对话框

(2) 单击【更改】按钮弹出【计算机名称更改】对话框，在【隶属于】选项组中选择
【域】单选按钮，并输入要加入的域名称，并单击【确定】按钮，如图 11-18 所示。

(3) 输入域用户名称和密码，单击【确定】按钮进行验证，如图 11-19 所示。

图 11-18　更改计算机的隶属关系

图 11-19　域用户身份验证

(4) 如果验证通过，则如图 11-20 所示，域加入成功。此时，系统重新启动计算机，用
户使用域帐户及密码进行登录时就可以登录到域了。

图 11-20　指定所创建域的 NetBIOS 名称

11.3.2　安装现有域的额外的域控制器

当某域用户需要登录到域时，如果域控制器处于关闭状态或者死机的话，那么此时进

行登录的客户机将无法登录到域。为了避免类似情况发生，保证任何时候想登录的计算机都能够及时登录到域。系统需要再建立一台域控制器，用来防止其中一台出现意外损坏的情况是很有必要的。域中建立的第二台域控制器被称为额外域控制器。

安装现有域的额外域控制器。

具体操作步骤如下。

(1) 在要作为额外域控制器的计算机上选择【开始】|【运行】命令，在打开的【运行】对话框中输入 dcpromo 命令，开始安装域控制器。在出现的【域控制器类型】向导界面中要选中【现有域的额外域控制器】单选按钮，如图 11-21 所示。

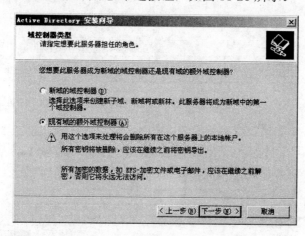

图 11-21　Active Directory 安装向导

(2) 单击【下一步】按钮，在【网络凭据】界面中输入具有安装活动目录权限的用户名称和密码，如图 11-22 所示。

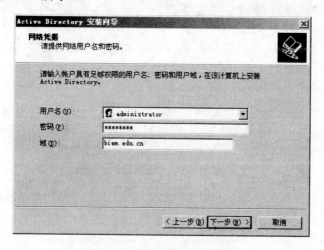

图 11-22　输入用户名和密码

(3) 单击【下一步】按钮，在弹出的【额外的域控制器】界面中输入现有域的 DNS 全名，如图 11-23 所示。

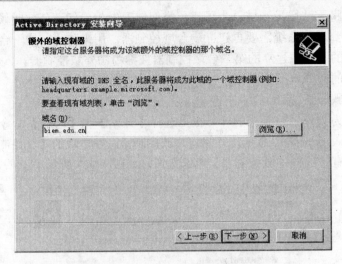

图 11-23　输入所属域的域名称

　　(4)　单击【下一步】按钮直至最终完成安装，重启计算机。图 11-24 中是显示【摘要】对话框。单击【下一步】按钮，开始活动目录的安装过程，如图 11-15 所示相同。由于此时是安装现有域的额外域控制器，因此，安装活动目录的过程，实质上是从当前的域控制器复制域的信息。

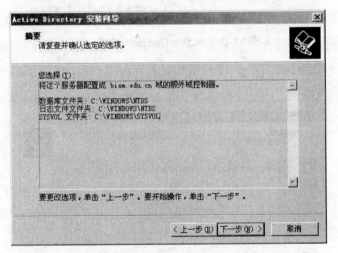

图 11-24　确认所选内容的正确性

　　(5)　安装完成后，系统重新启动计算机，登录成功后这台计算机就成为现有域的域控制器了。

11.3.3　在域控制器上删除活动目录

　　具体操作步骤如下。

　　(1)　选择【【开始】|【运行】命令，打开【运行】对话框，输入 dcpromo 命令，单击【确定】按钮，如图 11-25 所示。

图 11-25　在域控制器上输入 dcpromo 命令

(2)　单击【下一步】按钮，弹出【Active Directory 安装向导】对话框，如图 11-26 所示。

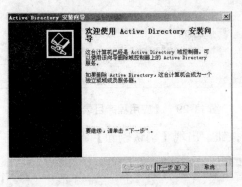

图 11-26　【Active Directory 安装向导】对话框

(3)　单击【下一步】按钮，弹出如图 11-27 所示的向导对话框，提示当前域控制器是全局编录服务器。如果域中还有其他域控制器的话，应把全局编录服务器的角色赋予其他域控制器。

图 11-27　提示该域控制器是否为全局编录服务器

(4)　单击【确定】按钮，打开【删除 Active Directory】界面，在此需要指明是否是最后一个域控制器，如图 11-28 所示。如果是单域或者域中最后一个域控制器的话，则选择该对话框中的复选框。

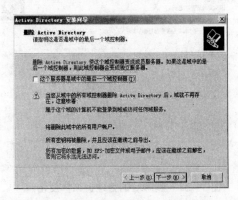

图 11-28　确认该域控制器是否为本域最后一个控制器

(5) 单击【下一步】按钮，弹出如图 11-29 所示的【应用程序目录分区】界面，提示在服务器上保留的应用程序目录分区的信息。

图 11-29 【应用程序目录分区】界面

(6) 单击【下一步】按钮，出现【确认删除】界面，如图 11-30 所示。

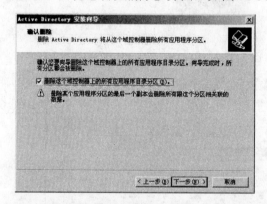

图 11-30 确认删除该域控制器上所有的应用程序分区

(7) 选中【删除这个域控制器上的所有应用程序目录分区】复选框，单击【下一步】按钮，弹出如图 11-31 所示的【管理员密码】界面，输入降级后的管理员密码。

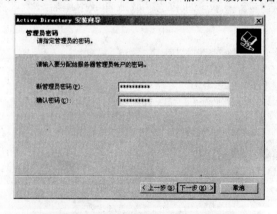

图 11-31 删除后的管理员帐户及密码

(8)　单击【下一步】按钮，出现如图 11-32 所示的【摘要】界面，显示摘要信息。

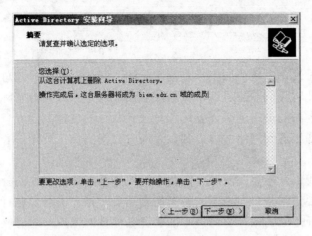

图 11-32　待删除活动目录的摘要信息

(9)　单击【下一步】按钮，删除活动目录，如图 11-33 所示。

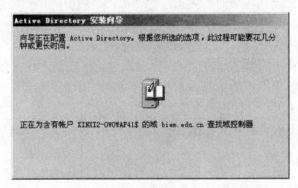

图 11-33　正在删除指定的活动目录

(10) 删除完成，显示完成对话框，此时活动目录删除成功，如图 11-34 所示。

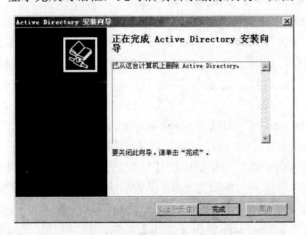

图 11-34　完成活动目录删除

(11) 单击【完成】按钮，系统将重启计算机完成删除。

11.4 域 间 信 任

在实际应用的时候,多域协同工作是很常见的。例如,某公司的总部在北京,在上海还有一家分公司,此时我们要想进行单域的控制及管理是不太符合实际的。假如域控制器在北京,那么所有上海的员工就必须要远程登录到北京的域控制器上登录和审核,这种现状显然效率较差。如果遇到网络故障,那么上海分公司的员工就无法登录了。很明显这是不合理的选择。

这种情况下,我们一般会在两地分别建立域控制器来管理本地的公司网络。此时,如果总公司的员工需要访问分公司域中的资源,则需要对帐户的身份进行验证,而一个域中的域控制器只能验证本域的帐户身份,不能验证其他域的帐户。这时候域间的信任关系就会发挥作用了,即建立域与域之间的信任关系,使资源所在的域(资源域或信任域)信任帐户所在的域(帐户域,被信任域)。

域信任关系是一种建立在域间的关系,它使得一个域中的用户可以由另一个域中的域控制器进行验证。信任的类型可以分为林中的信任、林之间的信任。

在一般的情况下,林中的默认信任域关系的特点一般有 3 个。

● 自动建立:林中的域之间的信任关系是在创建子域或者域树时自动创建的。

● 传递信任:林中的域的信任关系是可传递的:就像"张三"信任"李四","李四"信任"王五",因而"张三"也就信任"王五"。

● 双向信任:双向信任是指在两个域之间有两个方向上的两条信任:就像"张三"相信"李四","李四"相信"张三"一样。

林中的信任分为:树根信任和父子信任。树根信任,在同一个林中的两个域树之间的存在;父子信任,在同一个域树中父域和子域之间的存在。

林中的信任是自动建立的,而且是双向的可传递的信任关系;虽然信任关系的建立为跨域访问资源提供了前提条件,但是成功访问还是必须设置权限。

林之间的信任分为:外部信任和林信任。外部信任是指在不同林的域之间创建的不可传递的信任;林信任是在 Windows Server 2003 林中特有的信任,是 Windows Server 2003 林根域之间建立的信任,在两个 Windows Server 2003 林之间创建林信任可为任一林内的各个域之间提供一种单向或者双向的可传递的信任关系。配置外部信任过程如下。

具体操作步骤如下。

(1) 创建域"biem.edu.cn"和域"biem2.edu.cn"。

(2) 在配置外部信任之前我们首先来配置【转发器】(配置转发器其实是让两个 DNS 互相能够访问),选择 DNS 属性对话框中的【转发器】选项卡,然后填写另一个域的 DNS 的 IP 地址;在配置外部信任的时候双方 DNS 服务器的转发器必须要配置,如图 11-35 所示。

在 DNS 管理控制台,DNS 服务器名称上单击鼠标右键,在弹出的快捷菜单中选择【属性】命令;在【转发器】选项卡中单击【新建】按钮,建立到另一个域的转发,在【DNS 域】列表框中输入另一个域的 DNS 服务器地址,作为转发的目标。

然后在另一个域,再作一次到对本域的 DNS 转发。

图 11-35　配置转发器

(3)　在"biem.edu.cn"域控制器上打开【Active Directory 域和信任关系】窗口，然后右击"biem.edu.cn"的域名，然后在弹出的快捷菜单中选择【属性】命令，如图 11-36 所示。

图 11-36　选择【属性】命令

(4)　在【biem.edu.cn 属性】对话框中切换到【信任】选项卡，如图 11-37 所示。

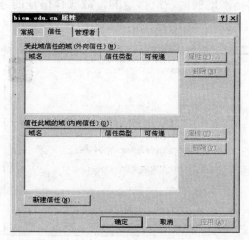

图 11-37　【信任】选项卡

(5) 单击【新建信任】按钮，出现如图11-38所示的【新建信任向导】对话框。

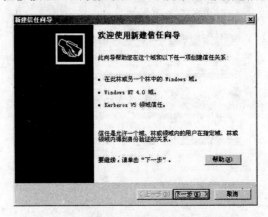

图11-38　【新建信任向导】对话框

(6) 然后在弹出的如图11-39所示的【信任名称】界面中，输入信任的域名，单击【下一步】按钮。

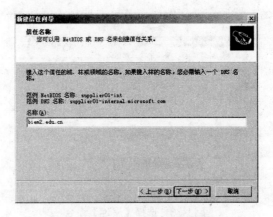

图11-39　【信任名称】界面

(7) 因为我们采用的是本地的信任所指定的，故选择信任的方向为【单向：外传】，如图11-40所示。三种信任方向选项的意义如下。

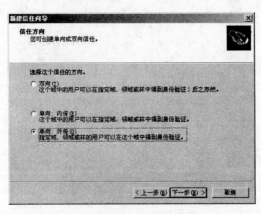

图11-40　【信任方向】界面

- 【双向】：本地域信任指定域。同时指定域信任本地域。
- 【单向：内传】：指定域信任本地域。
- 【单向：外传】：本地域信任指定域。

(8) 单击【下一步】按钮，系统提示选择信任完毕，如图 11-41 所示。

(9) 单击【下一步】按钮，系统提示为域创建信任关系，如图 11-42 所示。

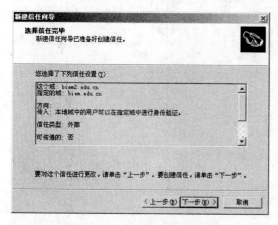

图 11-41　【选择信任完毕】界面

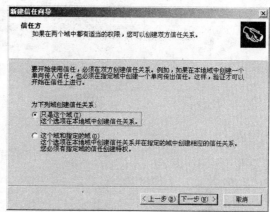

图 11-42　【信任方】界面

> 提示：由于信任关系是在两个域之间建立的，如果在域 biem.edu.cn(本地域）建立一个【单向：外传】信任，则需要在域 biem2.edu.cn 上建立一个【单向：内传】信任。

(10) 选择【这个域和指定的域】，单击【下一步】按钮，向导提示信任关系创建成功及信任状态，如图 11-43 所示。

(11) 单击【下一步】按钮，向导提示确认传入信任，如图 11-44 所示。

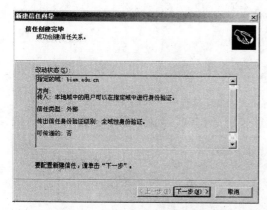

图 11-43　【信任创建完毕】界面

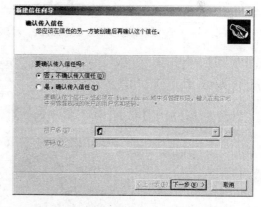

图 11-44　【确认传入信任】界面

(12) 选择【是，确认传入信任】单选按钮，单击【下一步】按钮。

(13) 在另一个域创建信任，注意的是，信任传递方向是【内传】。完成后，在 biem2.edu.cn 域的 DC 上使用【域和信任关系】，如图 11-45 所示。

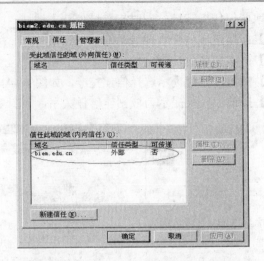

图 11-45　【biem2.edu.cn 属性】对话框

(14) 验证一下信任是否建立成功。选中 biem.edu.cn，单击【属性】按钮即显示域间信任的信息，如图 11-46 所示。

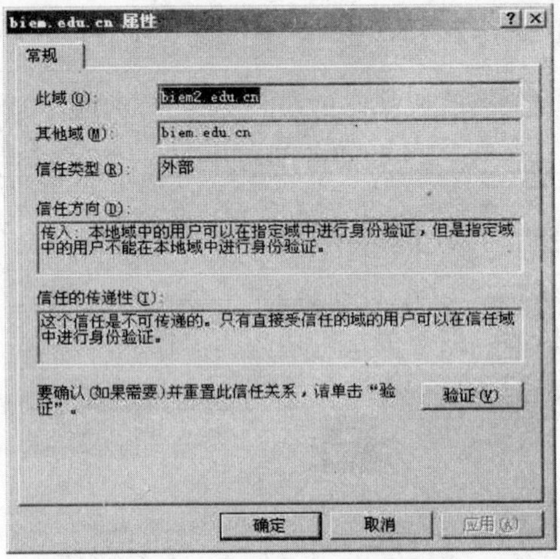

图 11-46　biem2.edu.cn 的信任属性

(15) 单击【验证】按钮，弹出提示输入对方域管理员的用户名和密码，如图 11-47 所示。

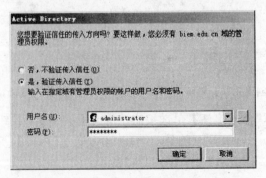

图 11-47　输入对方域管理员的用户名和密码

(16) 输入验证信息后，单击【确定】按钮，系统提示验证成功，如图 11-48 所示。

图 11-48　信任验证通过

11.5　实　践　训　练

11.5.1　任务 1：安装活动目录配置 DNS 服务器

任务目标： 安装一台域控制器，并在同一台计算机上安装并配置 DNS 服务器。

包含知识：

活动目录与 DNS 是紧密集成的，活动目录中域的名称的解析需要 DNS 的支持。而域控制器(装了活动目录的计算机就成为域控制器)也需要把自己登记到 DNS 服务器内，以便让其他的计算机通过 DNS 服务器查找到这台域控制器，所以我们必须要准备一台 DNS 服务器。同时 DNS 服务器也必须支持本地服务资源记录(SRV 资源记录)和动态更新功能。

实施过程：

(1)　安装 DNS 服务器并配置：略。

(2)　把本机网络设置中的首选 DNS 服务器指向本机 IP。

(3)　安装活动目录：略。

(4)　配置 DNS 属性，把 DNS 集成到活动目录中。

(5)　测试域名解析是否正常工作。

常见问题解析：

安装活动目录过程中需要注意哪些问题？

● 数据库文件夹和日志文件夹可以分开保存，以提高安全性。

● 活动目录服务必须与 DNS 集成，才可以正常运行。

● 设置"活动目录还原模式的管理员密码"时，该帐户和域管理员帐户不同，仅是在还原活动目录服务模式下设置的密码，可能与域管理员的密码不同，一定要记清楚。

● 安装好的域控制器如果要改名，需从域控制器上删除 Active Directory，使其成为一般的服务器。

11.5.2 任务 2：域操作实验

任务目标：域操作、加入域；将域中的成员服务器提升为域控制器。

包含知识：

实施过程：

(1) 将成员服务器加入域。

(2) 把成员服务器升级为当前域的额外域控制器。

(3) 将额外域控制器降级成成员服务器。

(4) 创建新林中的域，并建立双向信任。

常见问题解析：

(1) 将成员服务器加入域的操作过程中，需要注意什么问题？

● 安装活动目录时，要同时安装和配置 DNS 服务器。

● 首选 DNS 服务器的地址指向本机 IP 地址。

● 需要提供的帐户名和密码为域控制器的系统管理员的名称和密码。

(2) 删除活动目录需注意的问题？

● 如果该域内还有其他域控制器，则该域会被降级为该域的成员服务器。

● 如果这个域控制器是该域的最后一个域控制器，则被降级后，该域内将不存在任何域控制器了。因此，该域控制器被删除，而该计算机被降级为独立服务器。

● 如果这台域控制器是"全局编录"，则将其降级后，它将不再担当"全局编录"的角色，因此请先确定网络上是否还有其他的"全局编录"域控制器。

11.6 习　　题

1．填空题

(1) 目录树中的域通过(　　　　　)关系连接在一起。

(2) 第一个域服务器配置成为域控制器，而其他所有新安装的计算机都成为成员服务器，并且其活动目录服务可以事后使用(　　　　　)命令进行安装。

2．选择题

(1) 下列属于 Windows Server 2003 活动目录的集成性管理内容的是(　　　)。

　　A．用户和资源管理　　　　　　　　　B．基于目录的网络服务

　　C．基于网络的应用管理　　　　　　　D．基于共享资源的服务

(2) 下面关于域的叙述中正确的是(　　　)。

　　A．域就是由一群服务器计算机与工作站计算机所组成的局域网系统。

　　B．域中的工作组名称必须都相同，才可以连上服务器。

　　C．域中的成员服务器是可以合并在一台服务器计算机中的。

　　D．以上都对

(3) 通过哪种方法安装活动目录(　　)。

    A. Dcpromo
                B. 管理工具/计算机管理

    C. 管理工具/Internet 服务管理器
      D. 以上都不是

3. 问答题

(1) 全局编录有什么作用?

(2) 活动目录实际上是一个网络清单,包括网络中的域、域控制器、用户、计算机、联系人、组、组织单位及网络资源等各个方面的信息,使管理员对这些内容的查找更加方便。要查找目录内容,该如何操作?

第 12 章　活动目录的管理

【教学提示】

活动目录管理是 Windows Server 2003 中管理的核心内容。本章主要介绍了域帐号的管理、组织单位的管理以及在活动目录中共享资源的方法。

【教学目标】

掌握域用户帐号的创建和管理方法；掌握域中组帐号的创建和管理方法；掌握组织单位的创建和管理方法；掌握在活动目录中发布和管理资源的方法。

12.1　域帐号的创建和管理

12.1.1　域用户帐号

网络中存在着大量的用户，就像现代社会一样，要想和谐地运行，就需要规范和管理。我们每个人要和别人交流，首先需要一个合法的身份，比如住宿需要身份证，考试需要准考证。在网络社会中我们的合法身份的赋予就是【用户帐号】。在网络中【用户帐号】作为身份的唯一标识，通过这个唯一标识，可以确认用户身份，进而通过赋予此帐号对应的权力和对资源访问的权限，来管理和控制用户的行为。

Windows Server 2003 中的用户帐号可以分为本地用户帐号和域用户帐号，其中本地用户帐户位于工作组中的计算机及域中非 DC 的计算机上，域用户帐号位于域控制器上。管理本地用户帐号使用计算机管理控制台下的【本地用户和组】，管理域用户帐号使用【Active Directory 用户和计算机】。

当普通计算机升级成为域控制器时，本地用户帐号就不能继续使用了，在域控制器中只存有域用户帐号，这是因为如果本地用户帐号作为合法用户，那么本地用户就可以直接登录服务器，获得管理权限，进而对域控制器进行操作，甚至删除活动目录，把计算机降级为普通的计算机，导致域管理彻底崩溃，这是绝对不允许的。所以，为保证域的安全，在域控制器上是没有本地用户帐号的。

12.1.2　创建域用户帐号

当有新的用户需要访问域中的资源时，就需要创建新的用户帐号。

具体操作步骤如下。

(1) 在域控制器上打开【Active Directory 用户和计算机】工具，在控制台的 Users 容器上单击鼠标右键，在弹出的快捷菜单中依次选择【新建】|【用户】命令，如图 12-1 所示。

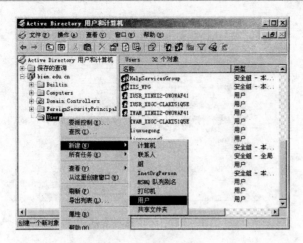

图 12-1　创建域用户

(2) 在【新建对象-用户】对话框中输入用户的姓名及用户登录名信息，如图 12-2 所示。

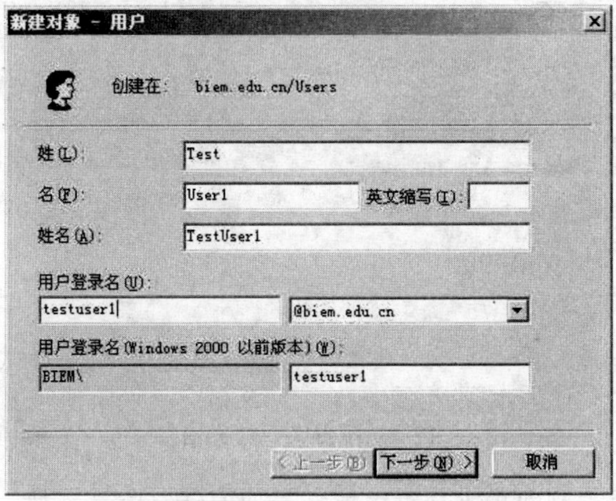

图 12-2　填写新建帐号信息

(3) 单击【下一步】按钮为用户设置密码，设置密码时的选择如图 12-3 所示。

管理员创建用户时如果选中【用户下次登录时须更改密码】复选框，那么当用户登录的时候，就会出现提示，需要用户重新设定密码。设好之后，这个密码就只有用户自己知道了。当然，虽然管理员也不能查看用户的密码是什么，但是管理员具有可以随时更改某用户密码的权限。

- 【用户下次登录时须更改密码】复选框：常被管理员创建用户时的选择。
- 【用户不能更改密码】复选框：选择此复选框用户将没有能力更改自己的密码。当然，管理员还是有权限可以更改用户密码的。
- 【密码永不过期】复选框：选择此复选框系统将忽略系统默认的密码过期时间 (42 天)。
- 【帐户已禁用】复选框：选择此复选框则帐户将不能登录，直到管理员解除这个限制。

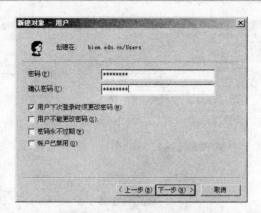

图 12-3　密码设置对话框

（4）选择好合适的选项后，单击【完成】按钮，如图 12-4 所示。

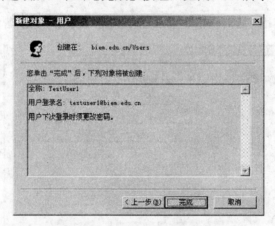

图 12-4　配置密码结果信息

（5）查看汇总信息，判断正确与否。根据具体情况有两种选择。可单击【上一步】按钮重新配置用户帐户密码方案。或经确认准确无误后可单击【完成】按钮完成创建用户帐号的任务，如图 12-5 所示。

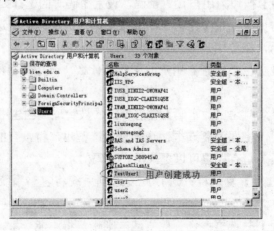

图 12-5　域用户创建成功

12.1.3　管理域用户帐号

用户帐号创建完成后，此用户就可以凭借帐号信息登录到域中了。但作为管理员来说，他还有很多工作要作。对域管理员来说，经常要做的就是对域中的用户帐号执行管理。要为不同的用户分配不同的权限，每当员工工作调动、出差，或者发生其他变动的时候，管理员就需要及时为用户进行权限变更。

打开【Active Directory 用户和计算机】控制台窗口，右击某一个用户帐号，在弹出的快捷菜单中选择相应的命令就可以对他进行管理工作了，如图 12-6 所示。

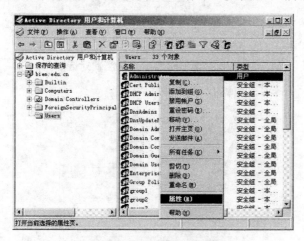

图 12-6　管理域用户帐号

其中，【添加到组】表示把用户帐号加入到一个组帐号中，这样用户帐号就可以自动获得组帐号具有的权限。【禁用帐户】可以停用员工帐户，使他不能登录，比如员工出差，为了防止别人盗用，就可以暂时禁用帐户，等员工回来再恢复。【重设密码】是当员工忘记密码时，由管理员重新为用户设定一个密码，和普通用户不同，管理员重设密码时是不需要输入原始密码的。【删除】可以彻底删掉用户的帐户，并且无法恢复，要慎用。【重命名】则可以把用户的帐号名称改变，比如系统内置帐号 administrator 一直是黑客攻击的目标，我们就可以把它改个名字，这样比较安全。

每一个用户帐号都包含大量的信息，在【Active Directory 用户和计算机】控制台窗口下的某个用户帐号上右击，在弹出的快捷菜单中选择【属性】命令，就可以打开用户帐号的【Test User1 属性】对话框，如图 12-7 所示。

【Test User1 属性】对话框共有 16 个选项卡，要想把这 16 个选项卡都显示出来，首先要在【Active Directory 用户和计算机】控制台下，打开【查看】菜单，选中其中的【高级功能】选项。在这 16 个选项卡中，【常规】、【地址】、【电话】、【单位】这几个选项卡是用来分别输入用户帐号中的个人信息。管理员应尽可能详细的填写用户的信息，尤其是在用户比较多的时候，可以通过这些信息对用户进行查询。

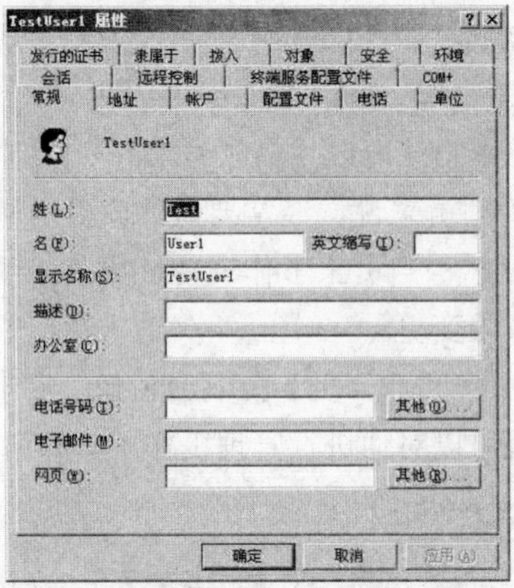

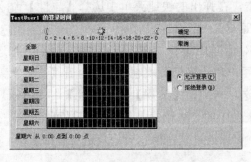

图 12-7 【Test User1 属性】对话框

【帐户】选项卡里的设定比较重要，如图 12-8 所示。

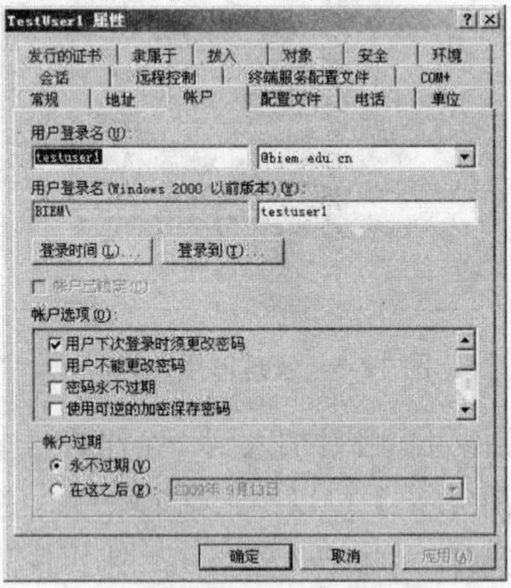

图 12-8 【帐户】选项卡

第一行设定的是用户的主名，看起来和电子邮件书写方式是一样的，这样的名称既可以保证全球唯一性，又具有良好的层次感。是 Windows Server 2003 推荐使用的表示方式。第二行是为了兼容以前版本保留的主机名设定。

单击【登录时间】按钮，就会出现【Test User1 的登录时间】对话框，如图 12-9 所示。

图 12-9 设置用户登录时间

在这里可以设置允许该用户帐号登录域的时间段，其中，蓝色方块表示可以登录，白色方块表示不可以登录。需要注意的是：这个限制登录只能在用户登录的时候进行审核，当用户登录后，即使超出时间范围，系统也不会自动断开。如果需要的话，用户可以通过组策略设置【网络安全：在超过登录后强制注销】。单击【登录到】按钮可以打开【登录工作站】对话框，在这里可以设置此用户可以使用哪些工作站登录到域，也是一个很有用的管理项，可以减少很多的安全隐患。【帐户选项】列表框中有 10 个选项，分别用来设置帐号的密码选项和帐号禁用等。【帐户过期】选项组中可以在这里设定过期时间，比如对临时工进行限定。

　　【配置文件】选项卡分为【用户配置文件】和【主文件夹】两部分。【用户配置文件】定义了当用户登录到计算机时所获得的工作环境，包括桌面设置、快捷方式、屏幕保护、区域设置以及网络连接和打印机设置等。需要注意的是，用户配置文件不是一个独立的文件，而是由一系列的文件和文件夹组成的，而且每个用户登录到一台计算机后都会有自己的配置文件。主文件夹是域用户帐号的一项重要功能，也称为【宿主目录】，它可以使用户无论从哪里登录，都可以在同一个文件夹中存取文件。

　　【隶属于】选项卡中可以查看用户属于哪些组的成员，如图 12-10 所示。单击【添加】按钮可以把用户添加到某个组中，选中某个组帐号后单击【删除】按钮可以把用户从组中删除。

　　其他选项卡略。

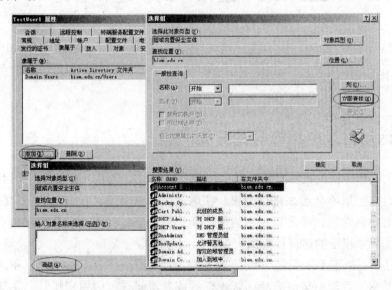

图 12-10　【隶属于】选项卡

12.1.4　帐号的安全

　　用户使用帐号就可以登录系统，进行工作了，帐号是进入系统的通行证，是开启操作系统的钥匙。要保证网络中的数据安全，首要的任务就是确保帐号安全。

　　严格的密码策略是帐号安全的第一道屏障。一般情况下应禁止使用空密码，在具体设定密码时，应使用不易破解的密码，应具有足够的密码长度加大破解的难度，应尽量不使用类似生日、电话号码等个人信息来设定密码。

一般来说，推荐使用的密码应遵循以下原则：密码至少应包括字母、数字、大小写、特殊符号，应具有一定的长度(一般来说 8 位以上)，最好是无意义的组合。另外，密码要定期修改，不要长时间使用同一密码。例如，我很喜欢一句话"蓦然回首，那人却在灯火阑珊处！"，就可以使用拼音首字母拼成一个密码"Mrhs, Nrqzdhlsc！"，长度够长，大小写、特殊字符都有，也没什么确定含义，最重要的是好记，这就是不错的密码。

帐号安全的第二道屏障，我们要把 Administrator 帐号进行重命名。由于在 Windows 2003 Server 里，Administrator 帐号具有最高权力，并且不能被删除和禁用，所以就成为黑客攻击的首要目标。为了保障安全，首先我们要为它设定一个足够强壮的密码，并定期更换，另外就是为它更换一个名字，因为操作系统是靠用户的 SID(安全标识符)而不是靠用户的名字来识别每一个用户帐号的，即使把 Administrator 帐号改名也不影响使用。

还有一个问题要注意的就是 Guest 帐号。Guest 帐号是系统内置的来宾帐号，供未经授权的用户访问系统时使用的，所以除非必要，否则不启用 Guest 帐号。即使要用，也不要为它赋予额外的权限。

12.2　域中组帐号的创建和管理

在 Windows Server 2003 中，组是一个非常重要的概念。用户帐号用来标识每一个用户，而组帐号是用来组织用户帐号的。利用组可以把具有相同特点和属性的用户组合在一起，便于管理员进行管理。

12.2.1　活动目录中组帐号的分类

按照组的类型分，组帐号有两种类型，即通讯组和安全组。通讯组用来组织用户帐号，没有安全特性，一般不会用来进行授权。在通讯组中可以存储联系人和用户帐号；安全组具备通讯组的全部功能，并可以用来为用户和计算机分配权限，是系统安全主体，它出现在定义资源和对象权限的访问控制列表中。

按照组的范围进行分类，可以分为三种类型，即全局组、本地组和通用组。

全局组是用来管理那些具有相同管理任务或者访问许可的用户帐号。全局组中只能包含该全局组所在域的用户帐号。全局组可以成为任何域的本地组的成员。在 Windows Server 2003 混合模式下全局组不能嵌套。一般来说，全局组只用于组织用户帐号，而不用于授权。

本地组是用来给本域中的资源分配权限，本地组只在本域中可见。本地组可以包含任何域的用户帐号和任何域的全局组和通用组。在 Windows Server 2003 混合模式下本地组不能嵌套。

通用组的主要作用是在多域环境下组织全局组，简化管理任务。通用组的成员可以包含任何域的用户帐号、任何域的全局组和通用组，可以成为任何域中本地组的成员。在单

高职高专计算机实用规划教材——案例驱动与项目实践

域环境下使用全局组和本地组就足够了。在 Windows Server 2003 混合模式下通用组不能使用。

12.2.2　在域中创建组帐号

了解了域中组帐号的特点后，我们就可以在域中创建并使用组帐号了。

具体操作步骤如下。

(1) 在域控制器中打开管理工具，选择【Active Directory 用户和计算机】，在 Users 容器上右击，在弹出的快捷菜单中依次选择【新建】|【组】命令，如图 12-11 所示。

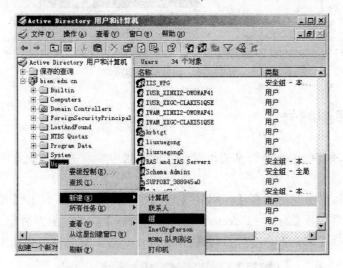

图 12-11　创建组帐号

(2) 弹出【新建对象-组】对话框，如图 12-12 所示。在【组名】文本框中输入新建的组帐号名称。和用户名一样，组名在所属域中必须唯一。在【组作用域】选项组中按需要选择全局组、本地域组或通用组，在【组类型】选项组中根据需要选择安全组和通讯组。

图 12-12　【新建对象-组】对话框

(3) 单击【确定】按钮创建组帐号，返回控制台下可以看到新建的组帐号。

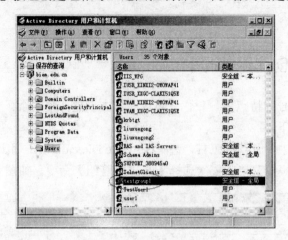

图 12-13　组帐号创建成功

12.2.3　管理组帐号

组帐号的管理包括组帐号信息的设置、管理组帐号成员关系、设置组帐号的管理者、组帐号的重命名和删除等。

(1) 设置组帐号信息。选择【开始】|【所有程序】|【管理工具】|【Active Directory 用户和计算机】命令打开【Active Directory 用户和计算机】窗口，展开目录，右击 testgroupl，从快捷菜单中选择【属性】命令，打开【testgroup1 属性】对话框，如图 12-14 所示。

图 12-14　某组帐户属性对话框

(2) 设置组成员。在【Testgroup1 属性】对话框中切换到【成员】选项卡，单击【添加】按钮，在弹出的【选择用户、联系人或计算机】对话框中单击【高级】按钮，从弹出的对话框中单击【立即查找】按钮，系统即显示搜索结果，管理员可根据需要来设置组成员的权限，如图 12-15 所示。

图 12-15　向组里添加用户

（3）设置组管理者。在【testgroup1 属性】对话框中切换到【管理者】选项卡，单击【更改】按钮，在弹出的对话框中单击【高级】按钮，打开【选择用户或联系人】对话框，单击【立即查找】按钮，管理员可从搜索结果中指定一个用户后确认即可，如图 12-16 所示。

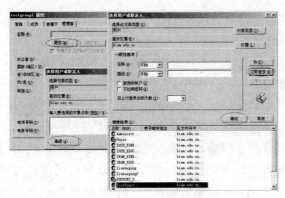

图 12-16　设置管理者

（4）组帐号重命名。打开【Active Directory 用户和计算机】窗口，从目录树中单击Users，展开组帐号，选择一个帐号并右击，从快捷菜单中选择【重命名】依提示操作即可，如图 12-17 所示。

图 12-17　组帐号重命名

(5) 删除组帐号。选择组帐号，右击，从弹出的快捷菜单中选择【删除】命令即可，如图 12-18 所示。

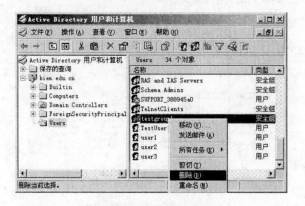

图 12-18　删除组帐号

12.3　组织单位的创建和使用

12.3.1　组织单位简介

组织单位(OU，Organizational Units)是活动目录管理中的重要手段。一般来说，组织单位与公司中的行政管理部门相对应，是活动目录对象的容器。在组织单位中可以有用户帐号、组帐号、计算机、打印机、共享文件夹、子组织单位等对象。

组织单位和组帐号是有区别的。虽然二者都是为了进行管理而创建的，但是组帐户中能包含的对象类型比较有限，而组织单位中不仅可以包含用户帐号和组帐号，还可以包括计算机、打印机、共享文件夹、联系人等其他活动目录对象。所以组织单位中可以管理的资源要多得多，作用也要大得多。创建组帐户的目的主要是给某个 NTFS 分区上的资源赋予权限，而创建组织单位的目的主要是用于委派管理权限，就像大公司的总经理不可能直接管理所有的一切，而是把对应的权力下放给副总经理，副总经理再下放给各部门经理，通过逐级下放，分层管理，来获得较好的管理效果。我们的网络管理员会创建对应的组织单位并为每一级组织单位分派管理者，就像总经理、副总经理、经理一样，这样，就可以实现较大规模资源的管理了。除此之外，组织单位还有一个很重要的功能就是可以在组织单位上设置组策略，对组织单位中的资源进行严格的策略管理。就像在公司中定义规章制度、岗位职责一样。组帐号是没有这个功能的。如果删除一个组帐户，那么只是删掉了这种组织形式，组中的资源对象仍然存在，如果删除了组织单位，那么组织单位内部包含的所有对象都将被删除，这也是一个很重要的区别。

12.3.2 在活动目录中创建组织单位

安装活动目录后，在【Active Directory 用户和计算机】窗口只有一个组织单位：Domain Controllers，其中包含该域中充当域控制器角色的计算机帐号。要想在域中进行资源管理，可以用手工创建其他的组织单位。

具体操作步骤如下。

(1) 在【Active Directory 用户和计算机】窗口(见图 12-19)中右击相应容器，然后在弹出的快捷菜单中选择【新建】|【组织单位】命令。注意：只能在域容器和组织单位容器下才可以创建组织单位。

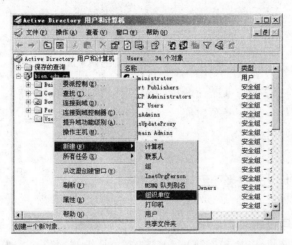

图 12-19 【Active Directory 用户和计算机】窗口中创建组织单位

(2) 在弹出的【新建对象-组织单位】对话框中的【名称】文本框中输入该组织单位的名称，如图 12-20 所示。

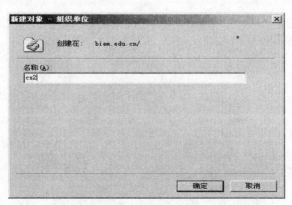

图 12-20 【新建对象-组织单位】对话框

(3) 单击【确定】按钮，完成组织单位创建。返回控制台，可以看到组织单位创建成功，如图 12-21 所示。

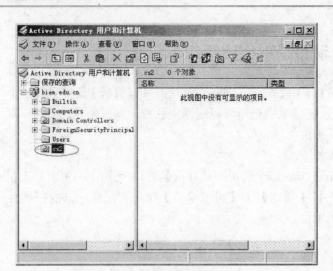

图 12-21　查看新建的组织单位

组织单位创建成功后，还可以在组织单位下面再创建子组织单位，方法是一样的。在组织单位中我们还要创建各种资源对象，如果资源对象已经创建，我们可以把该对象移动到组织单位中。

12.3.3　在活动目录中管理组织单位

对组织单位的管理包括设置常规信息、管理者、对象、安全性、组策略等。

在【Active Directory 用户和计算机】窗口中的某组织单位上右击，在弹出的快捷菜单中选择【属性】命令，如图 12-22 所示，可以看到共有 6 个选项卡。

图 12-22　组织单位的属性对话框

在【常规】选项卡中输入组织单位的信息，尤其是要输入【描述】信息，我们可以根据信息利用活动目录查找工具来搜索资源。

在【管理者】选项卡中可以为组织单位指定管理者。如图 12-23 所示，单击【更改】按钮，打开【选择用户或联系人】对话框来更改管理者；单击【属性】按钮，可以查看管理者的属性信息；单击【清除】按钮，可以清除管理者对组织单位的管理。

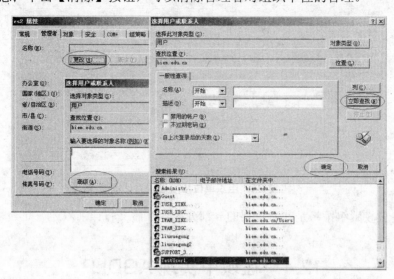

图 12-23　为组织单位指定管理者

在【对象】选项卡中可以查看对象的相关信息，如图 12-24 所示。

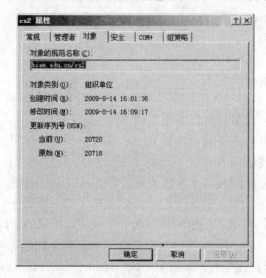

图 12-24　显示组织单位信息

在【安全】选项卡中，上面选项区域显示组或用户名称，下面选项区域中显示相应的权限。在此可以为不同的用户或者组赋予对这个组织单位具有的权限，如图 12-25 所示。基本权限共有 7 种，单击【高级】按钮，可以查看和设置高级权限设置。

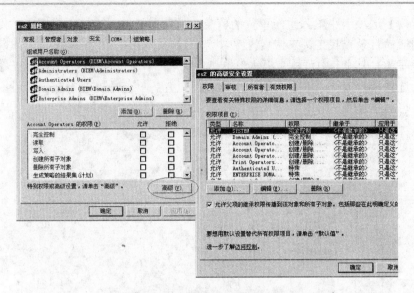

图 12-25　组织单位权限设置对话框

对组织单位设置组策略是非常重要的一部分内容，后文将详细叙述。此处略。

12.4　在域中实现 AGDLP

AGDLP 法则是域环境下的一种管理思想，其中：

- A 代表 User Accounts(用户帐号组)；
- G 代表 Global Group(全局组)；
- DL 代表 Domain Local(域本地组)；
- P 代表 Permissions(权限)。

简单地说，AGDLP 的思想就是把用户帐号加入到全局组中，然后把全局组加入到要访问的另一个域的域本地组，最后对域本地组赋予权限。

假设，某公司网络设有两个域，A 和 B，A 中的 5 个财务部门工作人员和 B 中的 3 个财务部门工作人员都需要访问 B 中的某个文件夹，这时，我们可以在 B 中建一个域本地组，赋予它访问文件夹的权限。因为域本地组的成员可以来自所有的域，我们可以把这 8 个人都加入这个域本地组就可以实现了。但是，如果 A 域中的 5 个人变成 6 个人，那只能 A 域管理员通知 B 域管理员，将域本地组的成员做一下修改，B 域的管理员太累了。

这时候，如果改变一下，在 A 和 B 域中都各建立一个全局组，然后在 B 域中建立一个域本地组，把这两个全局组都加入 B 域中的域本地组中，然后把文件夹的访问权赋给域本地组。则两个全局组都有权访问文件夹了。这时候，两个全局组分别分布在 A 和 B 域中，也就是说 A 和 B 的管理员都可以自己管理自己的全局组了。只要把那 5 个人和 3 个人加入G 中，就可以了。以后有任何修改，都可以自己做，不用麻烦 B 域的管理员了。

当某个域处于 Windows Server 2003 模式时，这个策略可以扩展为 AGGUDLP 法则，即全局组可以嵌套，而且可以使用通用组，这样组织用户就更灵活了。

下面是一个用 AGDLP 实现多域间资源共享的实例。

如图 12-26 所示，biem2.edu.cn 需要访问 biem.edu.cn 域的资源。访问资源需要帐户身份验证，而一个域的 DC 只能够验证本域的帐户身份，不能验证其他域的帐户。这就需要在域之间建立信任关系，使资源所在的域(简称资源域，也叫信任域)信任帐户所在的域(简称帐户域，也叫被信任域)。

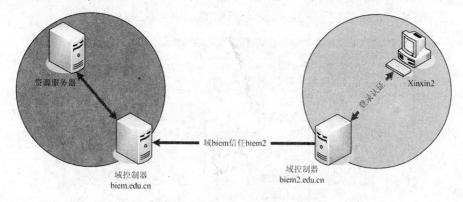

图 12-26　域 biem 信任域 biem2

如图 12-27 所示，biem2 域的客户机 Xinxi2 要访问 biem 域上的资源服务器上的资源，如果在资源服务器上拥有一个本地帐号，就可以通过资源服务器的认证，访问到资源，这就是我们熟悉的工作组模式，要确认的一点是，在域模式下，这种访问方式还是有效的，当然我们不推荐在域模式下使用这种工作模式，因为它完全背离了域模式进行统一管理的优势。

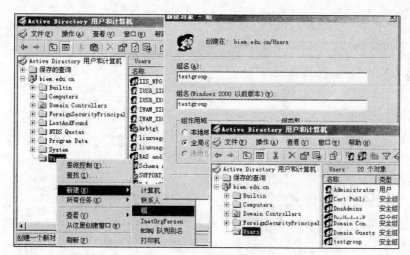

图 12-27　建立本地域组(DL)

要想实现在 biem2 域上访问 biem 域的资源可以按如下的步骤操作：

第一步，我们要创建域 biem 对域 biem2 的信任，这样被信任的 biem2 域的帐户就可以访问 biem 域了。

- 设置双方的 DNS 转发器。
- 设置 biem 域对 biem2 域的传出信任。

- 设置 biem2 域对 biem 域的传入信任。
- 验证信任配置成功。

第二步，使用 AGDLP 法则规划访问权限。

(1) 首先在各自的域中建立组和用户。

① 打开【Active Directory 用户和计算机】窗口，在 biem.edu.cn 建立 testgroup 本地域组。

② 在 biem2.edu.cn 建立 globalbiem2 全局组(G)如图 12-29 所示。

图 12-28　在 biem2.edu.cn 建立 globalbiem2 全局组

③ 在 biem2.edu.cn 建立一个用户 liuxuegong，如图 12-29 所示。

图 12-29　查看创建的全局组和用户

(2) 右击用户 liuxuegong，从弹出的快捷菜单中选择【添加到组】命令，在弹出的【选项组】对话框中输入组名称 globalbiem2 后单击【确定】按钮。返回【Active Directory 用户

和计算机】窗口，右击全局组 globalbiem2，选择【属性】命令，切换到【成员】选项卡，即看到成员 liuxuegong，如图 12-30 所示。

图 12-30 把用户加入到全局组

(3) 把 biem2.edu.cn 上的全局组 globalbiem2 加入到 biem.edu.cn 上的域本地组 testgroup。

打开【testgroup 属性】对话框并切换到【成员】选项卡，单击【添加】按钮，在弹出的对话框中单击【设置】按钮，如图 12-31 所示。然后单击【位置】定位到域 biem2.edu.cn，然后输入域 biem2 的管理密码，找到域 biem2 上的全局组 globalbiem2，加入即可，如图 12-32 所示。

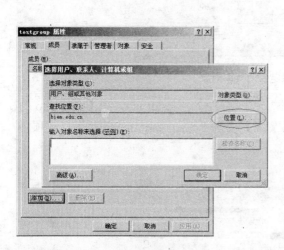

图 12-31 位置定位到域 biem2

图 12-32 把全局组加入本地域组

(4) 在资源服务器上创建共享资源并为本地域组分配权限。

在【Active Directory 用户和计算机】窗口中打开容器 Computers，选择计算机 QIUDONG 5599，可看到其有一个名为 test 的共享文件夹，如图 12-33 所示。

注意：此处 test 文件夹为提前在计算机 QIUDONG 5599 上设置的。

图 12-33　创建共享资源

右击 test 文件夹选择【属性】命令，在弹出的【属性】对话框中单击【添加】按钮，指定资源共享组为 testgroup，然后单击【确定】按钮即可，如图 12-34 所示。

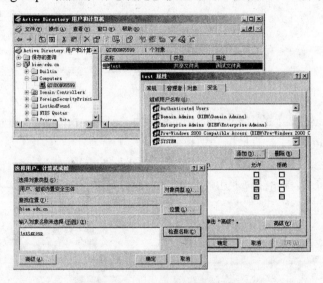

图 12-34　指定资源共享对象

此时，在【test 属性】对话框中可看到添加进来的共享组 testgroup，在【testgroup 的权限】列表框中勾选 testgroup 的权限，单击【高级】按钮可查看 testgroup 的所有权限项目，如图 12-35 所示。

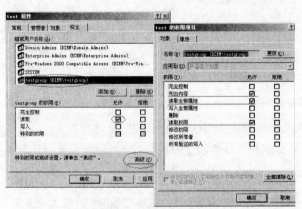

图 12-35　域组权限信息查看

(5)　测试配置结果

在 biem2 域客户计算机中选择【开始】|【运行】命令，打开【运行】对话框并输入资源的 UNC 路径。本例中是："\\qiudong5599.biem.edu.cn\test"，其中"qiudong5599"是资源服务器的主机名，后面是主机名后缀。"test"是共享文件夹的名字。

12.5　在活动目录中发布资源

在网络内部共享打印机、共享文件夹是非常常用和重要的服务。如果在活动目录中的用户要访问这些资源，就必须把它们加入到活动目录中，之后，用户就可以利用活动目录搜索工具来查找和访问该资源，而无须知道该资源具体的物理位置。

12.5.1　设置和管理发布打印机

1．创建并发布打印机

在 Windows Server 2003 的域中创建并发布打印机。

具体操作步骤如下。

(1)　确认打印机安装好，工作正常。如果是新加入的打印机，先安装好驱动程序。方法是在【控制面板】中双击【打印机和传真】图标，然后使用【添加打印机向导】完成打印机的安装工作，如图 12-36 所示。

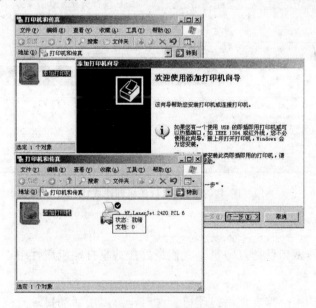

图 12-36　安装共享打印机

(2)　在域控制器上打开【Active Directory 用户和计算机】控制台窗口，选择【查看】|【用户、组和计算机作为容器】命令，如图 12-37 所示。

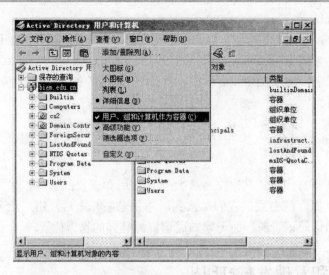

图 12-37 选择【用户、组和计算机作为容器】命令

(3) 在【Active Directory 用户和计算机】控制台窗口中打开 Computers 容器，找到安装了要发布打印机的计算机，在右侧的窗口中，可以看到打印机已经自动发布了。如果计算机的操作系统是 Windows 2000 之前的版本，那么在容器上单击鼠标右键，在弹出的快捷菜单中选择【新建】|【打印机】命令。在【新建对象-打印机】对话框中输入要发布打印机的 UNC 路径，然后单击【确定】按钮就可以了，如图 12-38 所示。

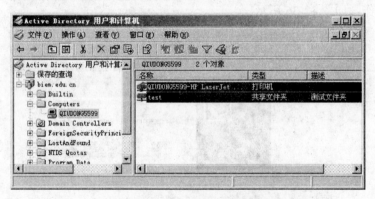

图 12-38 共享打印机创建成功

2．搜索发布的打印机

为了能够快速搜索到目标打印机，我们最好在共享打印机属性中添加相关信息，以备查找，如图 12-39 所示。

当活动目录中的用户需要使用打印机资源时，可以用活动目录查找工具搜索在活动目录中发布的打印机对象。

图 12-39　填写位置和描述信息

具体操作步骤如下。

(1)　在【Active Directory 用户和计算机】控制台窗口中所选域名上右击，在弹出的快捷菜单中选择【查找】命令，如图 12-40 所示。

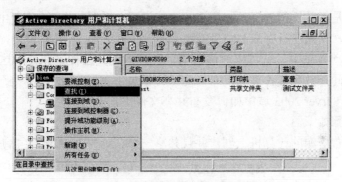

图 12-40　查找共享打印机

(2)　弹出【查找 打印机】对话框，在【查找】下拉列表框中选择要查找的对象是【打印机】，填写好查找条件。

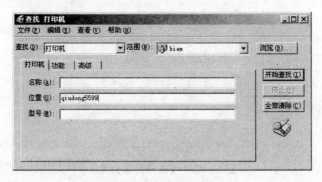

图 12-41　填写查找信息

(3)　指定搜索条件后，单击【开始查找】按钮在活动目录中查找。如果不指定搜索条件，就会搜索得到活动目录中所有发布的打印机。

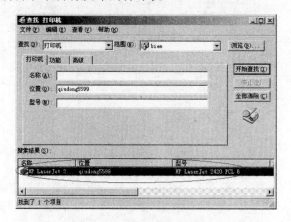

图 12-42　对打印机进行查找

12.5.2　设置和管理共享文件夹

1．在活动目录中发布共享文件夹

共享文件夹是经常访问的资源，要访问这些资源，需要知道对应资源的 UNC 路径。如果共享资源过多，要记住所有的 UNC 路径就是一件很困难的事情。但是，如果我们把共享文件夹发布到活动目录中，就可以通过活动目录查找工具去搜索和使用这些资源。与打印机的自动发布不同，共享文件夹的发布只能由管理员手工发布到活动目录中。

在 Windows Server 2003 域中如何发布共享文件夹。

具体操作步骤如下。

(1)　在要发布资源的计算机上创建并且共享一个文件夹，如图 12-43 所示。

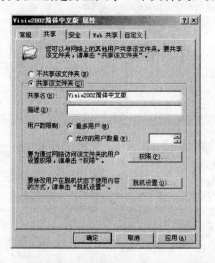

图 12-43　创建一共享文件夹

(2)　在域控制器上打开【Active Directory 用户和计算机】控制台窗口，找到并右击对应的计算机，在弹出的快捷菜单中选择【新建】|【共享文件夹】命令，如图 12-44 所示。

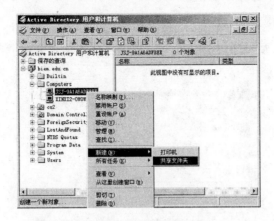

图 12-44　新建共享文件夹

(3)　弹出【新建对象-共享文件夹】对话框，在【名称】文本框中输入该共享文件夹的描述，在【网络路径】文本框中输入文件夹所在的 UNC 路径(\\主机名\共享名)，如图 12-45所示。

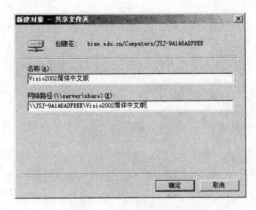

图 12-45　发布共享文件夹

(4)　单击【确定】按钮，完成共享文件夹的发布，如图 12-46 所示。

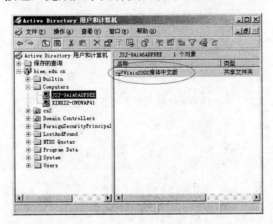

图 12-46　共享文件夹的发布完成

2．在活动目录中搜索发布的共享文件夹

在共享文件夹发布后，可以为共享文件夹设置描述项和关键字，以便于用户在活动目录中搜索，如图 12-47 所示。

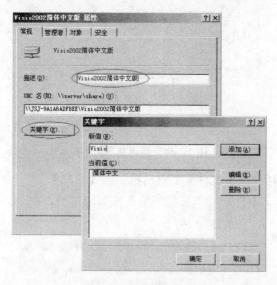

图 12-47　设置关键字对话框

当活动目录中的用户想要使用共享文件夹时，可以利用活动目录查找工具搜索在活动目录中发布的共享文件夹对象。

具体操作步骤如下。

(1)　在【Active Directory 用户和计算机】控制台窗口中右击域名，在弹出的快捷菜单中选择【查找】命令，打开活动目录查找工具，如图 12-48 所示。

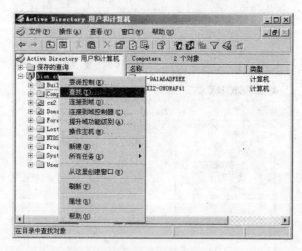

图 12-48　选择【查找】命令

(2)　打开【查找 共享文件夹】对话框在【查找】下拉列表框中选择要查找的对象为【共享文件夹】，先填写相关搜索信息，然后单击【开始查找】按钮进行查找，如图 12-49 所示。

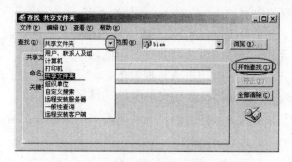

图 12-49　【查找共享文件夹】对话框

12.6　实　践　训　练

12.6.1　任务 1：活动目录的安装与配置

任务目标： 安装域、子域、林中新树根域和新林中根域。

包含知识： 本章相关知识点。

实施过程：

(1)　安装域控制器，域名称为 root.com。

(2)　安装子域控制器，域名称为 a.root.com。

(3)　安装同林中新树的域控制器，域名称为 newtree.com。

(4)　安装新林中的域控制器，域名称为 newforest.com。

常见问题解析： 略。

12.6.2　任务 2：规划组织单位

任务目标：

创建组织单位，把计算机和用户加入组织单位，为组织单位委派管理者。

包含知识： 本章相关知识点。

实施过程：

(1)　创建组织单位 class1。

(2)　在 class1 下创建两个组织单位：group1、group2。

(3)　向两个组加入计算机和用户。

(4)　为两个组委派管理者。

常见问题解析： 略。

12.6.3　任务 3：在活动目录中发布资源

任务目标： 在活动目录中实现打印机共享和文件夹共享。

包含知识：见本章节内容。

实施过程：

(1) 在成员服务器上安装打印机并且共享打印机。

(2) 在活动目录中为发布的打印机填写搜索信息，并使用搜索工具进行搜索。

(3) 在成员服务器上创建共享文件夹，并在活动目录中发布。

(4) 在活动目录中填写共享文件夹信息并使用搜索工具进行搜索。

常见问题解析：略。

12.7 习　题

1. 选择题

(1) (　　)是 Active Directory 的基本管理单位，是 Active Directory 的核心单元。

　　A. 组织　　　B. 域　　　　C. 域树　　　　D. 域林

(2) 某公司解雇了两名职员，同时又新招了两名职员，新职员承担被解雇职员的工作。下面(　　)方法可以以最快的速度为新职员创建帐户而不增加过多的管理负担？

　　A. 删除被解雇职员的帐户，并新建两个新职员的帐户

　　B. 禁止被解雇职员的帐户，并新建两个新职员的帐户

　　C. 更名被解雇职员的帐户为新职员的帐户

　　D. 把被解雇职员的帐户分配给新职员

(3) 下列(　　)不属于组作用域。

　　A. 本地域　　　　B. 全局　　　　C. 通用　　　　D. 私有

2. 简答题

(1) 域控制器和普通服务器有何区别？

(2) 如何理解域树和域林？

(3) 安装 Active Directory 前必须对其结构进行哪些规划？

(4) 何时需要创建用户帐户或计算机帐户？两台计算机能否使用相同的帐户名？

(5) 如果误删了一个帐户，能否通过新建一个与被删除的帐户同名的帐户来恢复？

(6) 组和组织单位有何区别？

第 13 章　组策略与组策略管理

教学提示

组策略是 Windows Server 2003 系统中功能最为强大的基础技术，也是在实际中应用最广泛的技术；网络管理人员最得力的助手。通过组策略可以很方便地对系统进行管理，尤其是在域模式下组策略的功能更加如虎添翼。

教学目标

学习组策略的基本操作；熟练运用组策略实现域模式下多计算机软件分发任务；熟练使用组策略对系统进行安全加固。

13.1　组策略概述

13.1.1　何谓组策略

所谓策略(Policy)，是 Windows 中的一种自动配置桌面设置的机制。而组策略(Group Policy)，顾名思义，就是基于组的策略。它以 Windows 中的一个 MMC 管理单元的形式存在，可以帮助系统管理员针对整个计算机或是特定用户来设置多种配置，包括桌面配置和安全配置。譬如，可以为特定用户或用户组定制可用的程序、桌面上的内容，以及【开始】菜单选项等，也可以在整个计算机范围内创建特殊的桌面配置。简而言之，组策略是 Windows 中的一套系统更改和配置管理工具的集合；就是修改注册表中的配置。当然，组策略使用自己更完善的管理组织方法，可以对各种对象中的设置进行管理和配置，远比手工修改注册表方便、灵活，功能也更加强大。

13.1.2　组策略编辑器及组策略基本功能

选择【开始】|【运行】命令，在【运行】对话框的【打开】文本框中输入 gpedit.msc，然后单击【确定】按钮即可启动 Windows Server 2003 组策略编辑器。(注：这个组策略程序位于"C:\WINNT\SYSTEM32"中，文件名为 gpedit.msc。)

在打开的组策略窗口中，如图 13-1 所示，可以发现左侧窗格中是以树状结构给出的控制对象，右侧窗格中则是针对左边某一配置可以设置的具体策略。另外，用户或许已经注意到，左侧窗格中的【本地计算机】策略是由【计算机配置】和【用户配置】两大子键构成，并且这两者中的部分项目是重复的，如两者下面都含有【软件设置】、【Windows 设置】等。那么在不同子键下进行相同项目的设置有何区别呢？这里的【计算机配置】是对整个计算机中的系统配置进行设置的，它对当前计算机中所有用户的运行环境都起作用；

而【用户配置】则是对当前用户的系统配置进行设置的，它仅对当前用户起作用。例如，二者都提供了"停用自动播放"功能的设置，如果是在【计算机配置】中选择了该功能，那么所有用户的光盘自动运行功能都会失效；如果是在【用户配置】中选择了此项功能，那么仅仅是该用户的光盘自动运行功能失效，其他用户则不受影响。设置时需注意这一点。

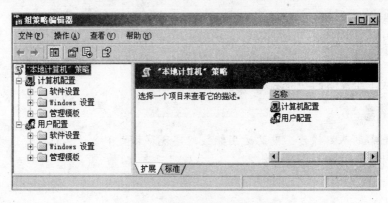

图 13-1　【组策略编辑器】窗口

组策略具有强大的功能，一般常用组策略来实现软件分发、IE 维护、软件限制、脱机文件、安全设置、漫游配置文件、文件夹重定向、基于注册表的设置、计算机和用户脚本等。接下来重点以组策略实现软件分发和组策略实现软件限制以保证服务安全为例讲述组策略的具体应用。

13.2　用组策略实现软件分发

在域模式下，通过组策略来实现软件分发非常方便快捷，在【开始】菜单中选择【程序】|【管理工具】|【Active Directory 用户和计算机】命令，打开【Active Directory 用户和计算机】窗口，如图 13-2 所示。

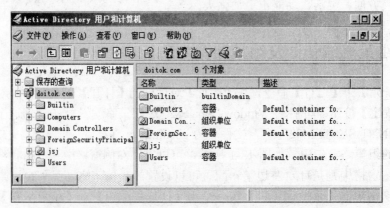

图 13-2　【Active Directory 用户和计算机】窗口

选择整个域或者某组织单位，右击，在弹出的快捷菜单中选择【属性】命令，打开【doitok属性】对话框，切换到【组策略】选项卡，在其中单击【新建】按钮新建一个组策略，命

名为【软件分发】，如图 13-3 所示。

图 13-3　为域新建名为【软件分发】的组策略

然后单击【编辑】按钮，即打开【组策略编辑器】窗口，如图 13-4 所示。

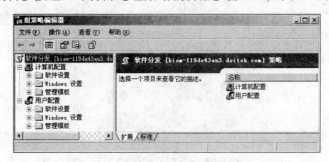

图 13-4　【软件分发】组策略编辑器

在【组策略编辑器】对话框的【计算机配置】里，单击【软件设置】前"+"号展开，选择【软件安装】后在右边空白处右击，如图 13-5 所示，在弹出的快捷菜单中选择【新建】|【程序包】命令。

图 13-5　新建软件安装程序包

选择【程序包】命令会弹出选择程序包位置的打开对话框，如图 13-6 所示，程序包文件是 MSI 后缀的文件，MSI 文件是 Windows Installer 的数据包，实际上是一个数据库，包含安装一种产品所需要的信息和在很多安装情形下安装或卸载程序所需的指令和数据。用户可以应用工具创建自己的 MSI 程序包，创建 MSI 程序包的工具一般在系统安装盘中。

假如要安装 Windows Server 2003 自带的支持工具包文件，这个安装包文件必须事先放在服务器的某个目录下并共享，且其他机器有相应的权限(要是其他可执行文件须先做成 MSI 格式的安装包才可以分发)。

在【打开】对话框中指定打开文件，单击【打开】按钮弹出【部署软件】对话框，如图 13-7 所示。选择【已指派】单选按钮。若选好【高级】即打开一个新的属性页可进行其他高级选项，如图 13-8 所示。依提示设置完即可。

图 13-6　选择要安装的软件包

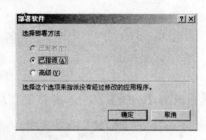

图 13-7　选择部署方法

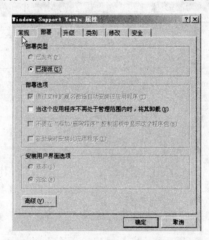

图 13-8　部署方法【高级】界面

部署软件结束后，即可看到其状态，如图 13-9 所示。

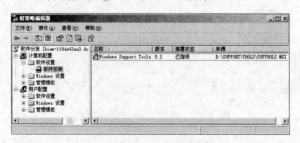

图 13-9　软件部署后的界面

这里【指派】为强制安装，如果希望用户决定是否安装应用程序，则可以利用发布的方式，在【用户配置】里设置，操作步骤同上，只是在选择部署类型的时候选择【已发布】单选按钮。还可以在完成后单击鼠标右键，在弹出的快捷菜单中选择【指派】或【发行】命令来进行切换，如图 13-10 所示。

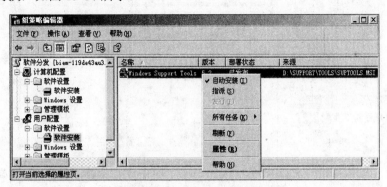

图 13-10　将【发行】改为【指派】

修改组策略对象后，如果是在【计算机配置】里【指派】给计算机，客户机执行策略刷新命令 gpupdate 后重启时安装，所有用户在客户机上都可使用该软件；如果是在【用户配置】里【指派】或者【发布】给用户，用户在客户机执行策略刷新命令 gpupdate 后生效，【发布】的软件可以在【控制面板】|【添加/删除程序】中选择安装，【指派】的软件则注销或重启后重新登录，程序在【开始】菜单中，用户第一次使用该软件时安装。

> 注意：组策略实验过程中，利用组策略来配置客户端，需要设置好 DNS 服务，否则因为 DNS 问题可能导致客户端组策略不能生效！

13.3　利用组策略实现软件限制

13.3.1　软件限制策略的一般操作

利用组策略可以通过软件限制，来实现对不明程序和恶意软件的限制以起到安全保护作用。基本配置方法如下。

首先，针对全域或者某组织单位，建立一个软件限制安全组策略方法和前面软件分发策略一样。在组策略编辑器里选中"软件限制策略"里的"其他规则"。在右边空白处可以单击鼠标右键，可以创建新的规则，如图 13-11 所示。

要创建规则首先需要学会系统通配符、环境变量的含义，以及软件限制策略规则的优先级。例如：

"?"表示任意单个字符；"*"表示任意多个字符；"**"或"*?" 表示零个或多个含有反斜杠的字符，即包含子文件夹。

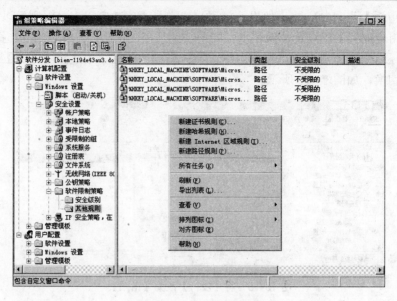

图 13-11　软件限制策略

常见的环境变量：环境变量用两个"%"做标记。假设系统安装在 C:\Windows 目录下，其环境变量参数含义如下。

%USERPROFILE%表示 C:\Documents and Settings\当前用户名；

%ALLUSERSPROFILE%表示 C:\Documents and Settings\All Users；

%APPDATA%表示 C:\Documents and Settings\当前用户名\Application Data；

%ALLAPPDATA%表示 C:\Documents and Settings\All Users\Application Data；

%SYSTEMDRIVE%表示 C:；

%HOMEDRIVE%表示"C:\"；

%SYSTEMROOT%表示 C:\WINDOWS；

%WINDIR%表示"C:\WINDOWS"；

%TEMP%和%TMP%表示 C:\Documents and Settings\当前用户名\Local Settings\Temp"；

%ProgramFiles%表示 C:\Program Files；

%CommonProgramFiles%表示 C:\Program Files\Common Files。

13.3.2　用组策略阻止恶意程序运行

要阻止恶意程序运行，首先要知道恶意程序一般会藏身在什么地方，恶意程序一般存在下列位置：

？:\(?表示分区名，即分区根目录)；

C:\WINDOWS(一般系统安装在 C 盘情况比较常见)；

C:\WINDOWS\system32；

C:\Documents and Settings\Administrator；

C:\Documents and Settings\Administrator\Application Data；

C:\Documents and Settings\All Users；

C:\Documents and Settings\All Users\Application Data；

C:\Documents and Settings\Administrator\「开始」菜单\程序\启动；

C:\Documents and Settings\All Users\「开始」菜单\程序\启动；

C:\Program Files；

C:\Program Files\Common Files。

应特别注意的是：

"C:\Documents and Settings\Administrator；

"C:\Documents and Settings\Administrator\Application Data；

"C:\Documents and Settings\All Users；

"C:\Documents and Settings\All Users\Application Data；

"C:\Documents and Settings\Administrator\「开始」菜单\程序\启动；

"C:\Documents and Settings\All Users\「开始」菜单\程序\启动；

"C:\Program Files；

"C:\Program Files\Common Files

这 8 个路径下是没有可执行文件的，只有在它们的子目录下才有可能存在可执行文件，知道这一点，组策略的规则就可以这么写：

%ALLAPPDATA%*.*为不允许的

%ALLUSERSPROFILE%*.*为不允许的

%ALLUSERPROFILE%\「开始」菜单\程序\启动*.*为不允许的

%APPDATA%*.*为不允许的

%USERSPROFILE%*.*为不允许的

%USERPROFILE%\「开始」菜单\程序\启动*.*为不允许的

%ProgramFiles%*.* 为不允许的

%CommonProgramFiles%*.*为不允许的

另外，对于"C:\Windows"和"C:\Windows\system32"这两个路径的策略规则怎么写呢？"C:\Windows"下只有"explorer.exe"、"notepad.exe"、摄像头程序、声卡管理程序是需要运行的，而其他都不需要运行，那么其规则可以这样写：

%SYSTEMROOT%*.*为不允许的，表示禁止 C:\Windows 下运行可执行文件；

C:\WINDOWS\explorer.exe 为不受限的；

C:\WINDOWS\notepad.exe 为不受限的；

C:\WINDOWS\amcap.exe 为不受限的；

C:\WINDOWS\RTHDCPL.EXE 为不受限的。

这是因为绝对路径优先级要大于通配符路径的原则，先设置目录下所有可执行文件不允许，然后设置上述几个排除规则，这样在 C:\Windows 下，除了 explorer.exe、notepad.exe、摄像头程序、声卡管理程序可以运行外，其他所有的可执行文件均不可运行。

对于 C:\Windows\system32 就不能像上面那样写规则了，在 system32 下面很多系统必需的可执行文件，如果一个一个排除，那太麻烦了。所以，对 system32，我们只要对它的子文件做一些限制，并对系统关键进程进行保护子文件夹的限制，策略规则如下：

%SYSTEMROOT%\system32\config***.*为不允许的；

%SYSTEMROOT%\system32\drivers***.*为不允许的；

%SYSTEMROOT%\system32\spool***.*为不允许的。

当然我们还可以照此方法限制更多的子文件夹。

另外，通过软件限制策略对 system32 的系统关键进程进行保护，system32 下的有些进程是系统启动时必须加载的，不能阻止它的运行，但又常常被恶意软件仿冒。为了解决这个问题，可以考虑到这些仿冒的进程，其路径不可能出现在 system32 下，因为它们不可能替换这些核心文件，它们往往出现在其他的路径中。那么可以用如下规则应对：

C:\WINDOWS\system32\csrss.exe 为不受限的；

C:\WINDOWS\system32\ctfmon.exe 为不受限的；

C:\WINDOWS\system32\lsass.exe 为不受限的；

C:\WINDOWS\system32\rundll32.exe 为不受限的；

C:\WINDOWS\system32\services.exe 为不受限的；

C:\WINDOWS\system32\smss.exe 为不受限的；

C:\WINDOWS\system32\spoolsv.exe 为不受限的；

C:\WINDOWS\system32\svchost.exe 为不受限的；

C:\WINDOWS\system32\winlogon.exe 为不受限的。

先完全允许正常路径下这些进程运行，再屏蔽掉其他路径下仿冒进程。例如：

csrss.*为允许的"；（".*"表示任意后缀名，这样就涵盖了 bat，com 等可执行的后缀。）

ctfm?n.*为不允许的；

lass.*为不允许的；

lssas.*为不允许的；

rund*.*为不允许的；

services.*为不允许的；

smss.*为不允许的；

sp???sv.*为不允许的；

s??h?st.*为不允许的；

s?vch?st.*为不允许的；

win??g?n.*为不允许的。

如何保护上网的安全，在浏览不安全的网页时，病毒会首先下载到 IE 缓存以及系统临时文件夹中，并自动运行，造成系统染毒，了解了这个感染途径之后，我们可以利用软件限制策略进行封堵：

%SYSTEMROOT%\tasks***.*为不允许的；这个是计划任务，病毒藏身地之一；

%SYSTEMROOT%\Temp***.*为不允许的；

%USERPROFILE%\Cookies*.*为不允许的；

%USERPROFILE%\LocalSettings***.*为不允许的。(这个是 IE 缓存、历史记录、临时文件所在位置)

高职高专计算机实用规划教材——案例驱动与项目实践

另外，我们还可以免疫一些不希望出现的软件，例如：

3721.*为不允许的；

CNNIC.*为不允许的；

*Bar.*为不允许的。

由于篇幅所限，不一一陈述，大家可以照此方法自己添加。

> 注意：　"*.*" 这个格式只会阻止可执行文件，而不会阻止.txt，.jpg 等文件。另外回收站和
> 备份文件夹里的文件也可能不安全，两条禁止从回收站和备份文件夹执行文件的规
> 则：
>
> ?:\Recycler***.*为不允许的；
>
> ?:\System Volume Information***.*为不允许的。

预防双后缀名的典型恶意软件：许多恶意软件，它有双后缀，比如"mm.jpg.exe"，由于很多人默认不显示文件后缀名，所以当看到的文件名是"mm.jpg"，误以为是 jpg 图像文件。对于这类恶意文件，不能用："*.*.*不允许的"这一条规则想当然地彻底免疫，因为这样做，会发现类似 acrobat read 7.5.1 这种样式的文件无法运行了。所以应该将规则改为：

*.???.bat 为不允许的；

*.???.cmd 为不允许的；

*.???.com 为不允许的；

*.???.exe 为不允许的；

*.???.pif 为不允许的。

诸如此类，读者可以按上述方法，自己根据实际情况设计更多的策略来分别限制具体的恶意文件的执行。

13.4　利用 GPMC 工具实现组策略管理

GPMC 即组策略管理控制台(Group Policy Management Console)，与 Windows 2000 Server/Server 2003 上传统的组策略编辑器截然不同，由一个全新的 MMC 管理单元及一整套脚本化的接口组成，提供了集中的组策略管理方案，可以大大减少不正确的组策略可能导致的网络问题并简化组策略相关的安全问题，解决组策略部署中的难点，减轻系统管理员在实施组策略时所承担的沉重包袱。

GPMC 工具在微软网站上可免费下载。下载后安装方法和其他软件基本类似，就不再赘述，但需要注意的是，GPMC 工具安装前需要先安装 Microsoft .net Framework 环境。安装完后在管理工具里可以看到，如图 13-12 所示。

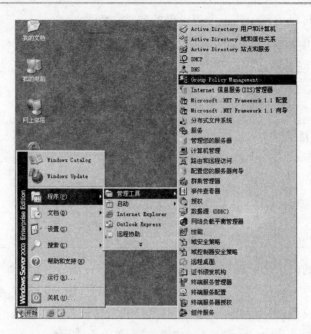

图 13-12　GPMC 安装后的打开位置

选择图 13-12 中的 Group Policy Management 命令即可打开 GPMC 窗口，选中域或者某组织单位，单击鼠标右键后如图 13-13 所示。

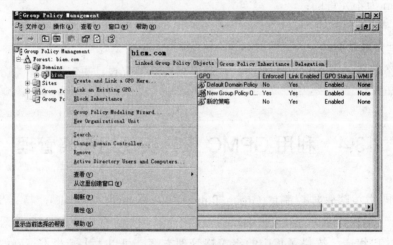

图 13-13　在 GPMC 中创建新的组策略对象

在弹出的快捷菜单中选择 Create and Link a GPO here 命令，打开 New GPO 对话框即可在此创建并连接一个新的组策略对象，如图 13-14 所示。

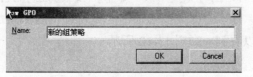

图 13-14　输入新的组策略名

可以选择对整个域或者某个组织单位创建新的组策略，对新的组策略，选中后单击鼠标右键，在弹出的快捷菜单中可以选择编辑 Edit 命令，如图 13-15 所示。即可以打开传统的组策略编辑器，如图 13-16 所示。在这里可以进行各种组策略的设置。

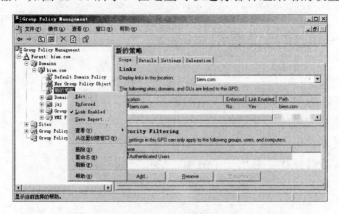

图 13-15　编辑新的组策略

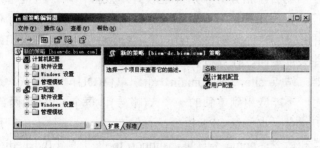

图 13-16　编辑组策略

另外，在【Active Directory 用户和计算机】窗口里任选一个组织单位右击，在弹出的快捷菜单中选择【属性】命令，属性对话框中最后一个选项卡就是 Group Policy(组策略)，单击 Open 按钮也可以打开 GPMC 窗口来进行组策略编辑设置。

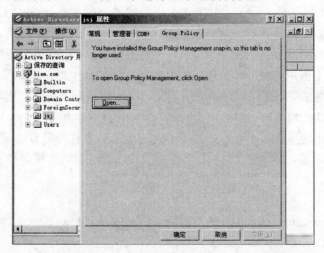

图 13-17　【Active Directory 用户和计算机】窗口中打开组策略

13.5　实　践　训　练

13.5.1　任务：创建与设置组策略

任务目标：

(1)　了解组策略的含义，掌握组策略的创建、删除方法；

(2)　掌握组策略的组成部分及各部分的作用；

(3)　掌握如何设置组策略；

(4)　理解组策略的替代、继承、不继承、禁止替代等；

(5)　了解组策略的实现。

包含知识：

组策略一般应在活动目录搭建好了后才能较好地发挥作用，组策略几乎无所不能，组策略可以集中化管理、管理用户环境、降低管理用户的开销、强制执行企业策略。组策略的几大功能包括软件分发、软件限制、安全设置、基于注册表的设置、IE 维护、脱机文件、漫游配置文件和文件夹重定向、计算机和用户脚本。

域中的三个容器：站点 site，域 domain，组织单位(OU)，规模依次递减，组策略只可以在三种容器中应用，不能应用到单独的一个人(帐号)，每个 GPO 由两部分组成：GPC 容器存储在活动目录中保存版本信息 GPT 模板；存储在 sysvol 文件夹中，保存组策略模板。

组策略常用工具和命令：gpmc 工具集、support tools 工具集(adsi edit 工具，在 mmc 中添加)；命令 gpupdate /force 用于客户端强制刷新组策略，命令 gpresult /scope user /v 显示组策略应用情况；命令 dcgpofix 用于默认组策略删除后的修复。

组策略的覆盖优先级由低到高为：　本地策略、站点策略、域策略、父 OU 策略、子 OU 策略。当组策略对象产生冲突时，计算机策略覆盖用户策略、不同层次的组策略产生冲突时，子 OU 覆盖父 OU 策略、同一容器上多个组策略冲突时，处于 GPO 列表最高位的 GPO 优先级最高。总体原则：后执行的优先级高！

要变更组策略应用顺序：阻止继承、强制(禁止替代)、避免变更应用顺序。阻止继承的意思是，默认情况下应用到父 OU 的组策略会继承到子 OU 上面，但如果子 OU 不想的话，可以配置成"阻止继承"，这样所有的应用到父 OU 的组策略就都不会影响到子 OU 了。但是如果应用到父 OU 的组策略是"强制"的话，子 OU 就必须继承父 OU 的组策略了，即使子 OU 设置了"阻止继承"也不行。如果子 OU 的组策略中有与带有"强制"属性的父 OU 的组策略相冲突的设置，则带有"强制"属性的父 OU 的组策略会覆盖掉子 OU 的组策略中与其相冲突的设置。

实验设备：

PC 机及 Windows Server 2003 系统及带活动目录的 Windows Server 2003 系统(文件系统要求为 NTFS 格式)。

实施过程：

我们先通过本地组策略来熟悉一下组策略的作用，开机进入非活动目录的 Windows

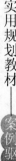

Server 2003 系统。

Window Server 2003 系统，系统默认已经安装了组策略程序，选择【开始】|【运行】命令，在【运行】对话框中输入 gpedit.mscr 并确定，打开当前的计算机的组策略对象，观察本地组策略的组成和设置。

在组策略编辑器中做以下实训内容：

> **注意：** 做以下实训时必须用 administrator 帐户登录。

(1) 设置本地磁盘配额。

① 打开本地磁盘属性，选择【配额】|【不启用磁盘配额】。

② 打开本地计算机策略，展开【计算机配置】\【管理模板】\【系统】\【磁盘配额】，在右边的窗口中选择【启用磁盘配额】并双击，在【启用磁盘配额属性】对话框中选择【已启用】单选按钮，如图 13-18 所示，确定退出。观察本地磁盘属性中磁盘配额的变化。

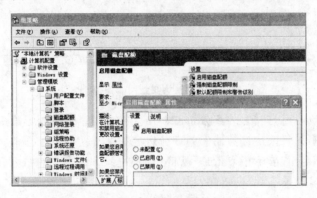

图 13-18　组策略实现启用磁盘配额

(2) 启用"登录屏幕"上不显示上次登录的用户名。

① 在【组策略】窗口中按【计算机配置】\【安全设置】\【本地策略】\【安全选项】的顺序查找，双击该右侧窗口中的【交互式登录：不显示上次的用户名】选项，在弹出的属性对话框中的【本地安全设置】选项卡中选择【已启用】单选按钮。

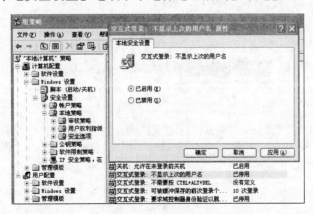

图 13-19　组策略实现不显示上次登录用户名

② 注销当前用户名，运行登录窗口，看有何变化。

(3) 设置帐户锁定。

① 建立标准本地用户，用户名：std，密码：std168@biem.cn;密码永久有效。

② 展开【计算机配置】\【安全设置】\【帐户策略】\【帐户锁定策略】选项，双击右侧【策略】列表框中的【帐户锁定阈值】，将在弹出的【帐户锁定阈值 属性】对话框中的数值设置为3，然后单击【确定】按钮，如图13-20所示。

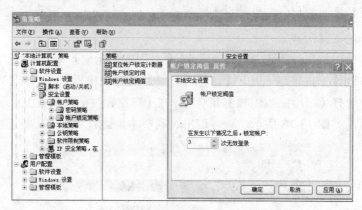

图13-20　组策略实现帐户锁定

③ 设置【帐户锁定时间】为5分钟。

④ 设置【复位帐户锁定计数器】为5分钟之后。

⑤ 退出设置，注销administrator。以std用户登录。在登录时故意输入3次错误密码，再试图用正确的密码登录，观察有何效果。

⑥ 如用户被锁定观察5分钟后是否能够继续登录。

注销当前用户，以administrator登录，打开本地策略。

(4) 【桌面】设置。

打开位置：【组策略】窗口中的【用户配置】\【管理模板】\【桌面】选项。

① 隐藏桌面上的【网上邻居】图标，只要在右侧窗格中将【隐藏桌面上"网上邻居"图标】这个策略选项启用即可，如图13-21所示。

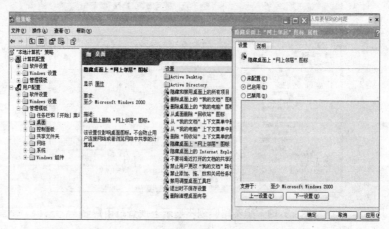

图13-21　组策略实现隐藏【网上邻居】

238

② 启用删除桌面上的【我的文档】图标和删除桌面上的【我的电脑】图标两个选项。

③ 观察桌面变化，注销 administrator，以 std 登录，观察桌面。

注销当前用户，以 administrator 登录，打开本地策略。

(5) 禁止【注销】和【关机】。

当计算机启动以后，如果我们不希望这个用户再进行"关机"和"注销"操作，那么可进入【组策略】窗口的【用户配置】\【管理模板】\【任务栏和开始菜单】将右侧窗格中的【删除开始菜单上的"注销"】和【删除和阻止访问"关机"命令】两个策略启用，如图 13-22 所示。

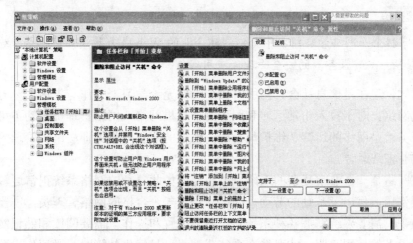

图 13-22 组策略实现删除【关机】项

另外需要注意的是，此设置虽然可防止用户用 Windows 界面来关机，但无法防止用户用其他第三方工具程序将 Windows 关闭。

> 提示：如果启用了【删除开始菜单上的'注销'】，则会从【开始菜单选项】删除"显示注销"项目。用户无法将"注销<用户名>"项目还原到开始菜单(只能通过手工修改注册表的方法)。这个设置只影响开始菜单，它不影响"Windows 任务管理器"对话框上的"注销"项目(因此需要同时启用【删除和阻止访问'关机'命令】)，而且不妨碍用户用其他方法注销。

(6) 还原桌面上的【网上邻居】和【开始】菜单中的【关机】选项。

(7) 尝试更改其他策略设置(3~5 种)，观察有什么影响。

以上是关于本地计算机组策略的配置。可以应用于 Windows Server 2003、Windows XP、Windows 2000 操作系统。我们通过上述实训对组策略的组成和设置有了一个初步认识。

13.6 习　题

根据教材内容及查询的相关资料，运用组策略实现限制恶意软件的执行。运用组策略实现禁用任务管理器，禁用注册表编辑器等功能。

第 14 章　网络管理员心得

教学提示

本章内容的设置，旨在给学习者一些网络管理员在生产实践活动中的常见任务，作为一个窗口，使读者能够真正体会到网络操作系统在计算机管理中的重要作用。

教学目标

学习、掌握企业网络管理维护中如何组建企业的 Web 服务器；如何建立系统补丁服务器以及如何进行 Web 服务器的安全管理等应用实例。

众所周知，现在是信息社会、网络时代，人们无论学习、工作与生活，一时一刻也离不开计算机网络。对于投入正常运转和服务的计算机网络，网络管理员是功不可没的。他们的常规任务就是网络的运营、维护与管理；他们的职责就是保证所维护管理的大大小小的网络，能够正常运转。

计算机网络是一个非常复杂的系统。要想保证如此复杂的网络系统正常运转，网管人员起着重要作用，付出了辛勤的劳动。因此，作为一个合格的网络管理员，需要有深厚的技术背景知识，需要熟练掌握各种系统和设备的配置和操作，需要阅读和熟记网络系统中各种系统和设备的使用说明，才可能在系统或网络一旦发生故障时，迅速作出准确判断，给出解决方案，使网络以最快速度恢复正常。

网络管理员的日常工作主要包括：网络基础设施管理、网络操作系统管理、网络应用系统管理、网络用户管理、网络安全保密管理、信息存储备份管理和网络机房管理等。这些管理涉及多个领域，每个领域的管理又有各自特定的任务。

在维护网络运行环境时的核心任务之一是网络操作系统管理。在网络操作系统配置完成并投入正常运行后，为了确保网络操作系统工作正常，网络管理员首先应该能够熟练的利用系统提供的各种管理工具软件，实时监督系统的运转情况，及时发现故障征兆并进行处理。在网络运行过程中，网络管理员应随时掌握网络系统配置情况及配置参数变更情况，对配置参数进行备份。网络管理员还应该做到随着系统环境变化、业务发展需要和用户需求，动态调整系统配置参数，优化系统性能。

网络管理员还应该确保各项服务运行的不间断性和工作性能的良好性。任何系统都不可能永远不出现故障，关键是一旦出现故障时如何将故障造成的损失和影响控制在最小范围内。对于要求不可中断的关键型网络应用系统，网络管理员除了在软件手段上要掌握、备份系统配置参数和定期备份系统业务数据外，必要时在硬件手段上还需要建立和配置系统的热备份。对于用户访问频率高、系统负荷大的网络应用系统服务，必要时网络管理员还应该采取负载分担的技术措施。

14.1　管理应用案例 1——组建企业的 Web 服务器

每个企业现在都有自己的网站，主要是宣传自己的企业文化，企业产品。一般来说，企业基本采用的是租用 Web 服务器的形式，因为租用服务器投资少，管理相对简单，对于中小型企业来说非常合适。但这也是有缺点的，如只能远程管理，不能管理到 BIOS 级别，一旦宕机将无法进行管理，只能到现场解决，必将影响网站的运行效率。

其实，只要企业具备一些基本的条件，用自己的服务器架设一个对外发布的 Web 站点，也不是一件很困难的事情。

现在宽带已经普及，企业上网的速率基本上已经达到 10M，这就具备了架设 Web 服务器的最先决的条件。而且，只要服务器上安装的系统达到 Windows 2000 以上，就可以不用借助任何外在的软件就能组建企业自己的服务器了。现以 Windows Server 2003 为例，来讲一下企业 Web 服务器的组建。

微软的 Windows Server 2003 系统，本身带有完善的 IIS 组件(Internet 信息服务)，通过 IIS 组件我们就可以架设 Web、FTP、Mail 等服务器。但在一般的企业网络管理中，IIS 只用于 Web 服务器，而其他的 FTP、Mail 服务器的架设一般以专业的第三方软件来代替。

在 Windows Server 2003 系统的默认安装状态下，IIS 组件是没有被安装的。因此，要使用 IIS 必须先安装 IIS 组件。

14.1.1　安装 IIS 组件

具体操作步骤如下。

(1) 依次展开【开始】\【设置】\【控制面板】，单击窗口中的【添加或删除程序】图标，打开【添加或删除程序】对话框。在该对话框的左侧按钮面板中单击【添加/删除 Windows 组件】按钮，打开【Windows 组件向导】对话框，如图 14-1 所示。

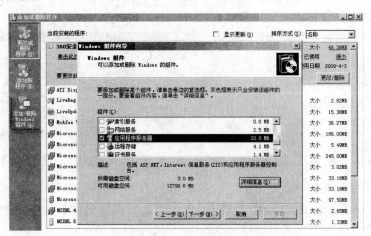

图 14-1　Windows 组建向导

(2) 在【Windows 组件向导】对话框的【组件】列表中选择【应用程序服务器】复选框。因为 Windows Server 2003 的 IIS 服务包含在此项中，所以选择复选框后，需要单击右下角的【详细信息】按钮，进入【应用程序服务器】对话框，如图 14-2 所示。

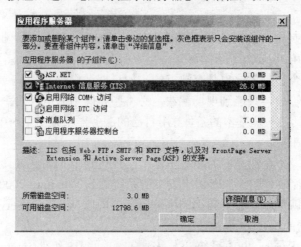

图 14-2 【应用程序服务器】对话框

(3) 在图 14-2 所示对话框中，可以看到有【Internet 信息服务(IIS)】复选框，选择后，单击右下角的【详细信息】按钮，进入【Internet 信息服务(IIS)】对话框，如图 14-3 所示。但如果需要组建的 Web 服务器是基于 ASP 及 ASP.NET 开发环境的话，就必须还要选择 ASP.NET 复选框。

(4) 在图 14-3 和图 14-4 所示的对话框中，主要选择【Internet 信息服务管理器】复选框和【万维网服务】复选框，其他的选项可以根据自己的需要进行选择，选择【万维网服务】复选框后，再单击右下角的【详细信息】按钮，进入【万维网服务】对话框。

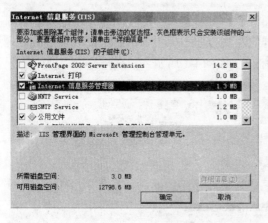

图 14-3 选择【Internet 信息服务管理器】复选框

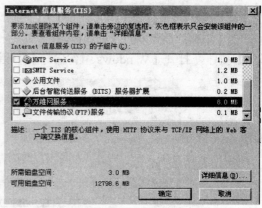

图 14-4 选择【万维网服务】复选框

(5) 【万维网服务】对话框中包含很多服务，组建一个普通 Web 站点，需要选择的是 Active Server Pages、【万维网服务】及【在服务器端的包含文件】这三项就可以了。其他选项可以根据自己建站的需求来选择，如图 14-5 和图 14-6 所示。

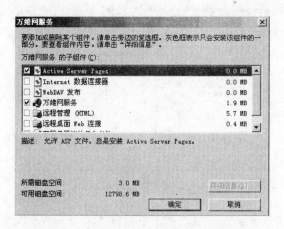

图 14-5　选择 Active Server Pages 复选框

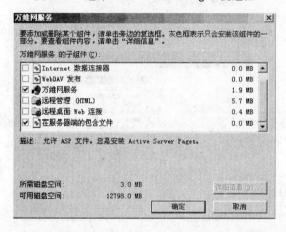

图 14-6　选择【万维网服务】和【在服务器端的包含文件】复选框

(6) 选择了所需要的服务后，就可以依照向导的提示进行安装，在安装过程中系统会提示我们插入 Windows Server 2003 的安装光盘，此时可将其路径指向 Windows Server 2003 安装程序的 I386 目录下即可。安装完成后，选择【开始】|【程序】|【管理工具】命令，在打开的【Internet 信息服务(IIS)管理器】窗口中即可启动 IIS 管理器，来组建企业 Web 了。

14.1.2　利用 IIS 组建 Web 站点

IIS 管理器现在最新的版本为 IIS 7，当然今后还有更新的 IIS 版本，IIS 7 和其他 IIS 版本操作和界面都有很大区别，但 Windows Server 2003 系统中的 IIS 管理器的版本为 6.0，所以这里还是以 6.0 版本为主。

具体步骤步骤如下。

(1) IIS 安装完后，启动 IIS 管理器进行 Web 配置。启动 IIS 管理器后，看到本地计算机下有三类：应用程序池、网站和 Web 服务扩展，如图 14-7 所示。

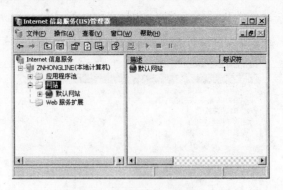

图 14-7　IIS 信息服务管理器

单击【Web 服务扩展】，在右边的列表中，将 Active Server Pages、在服务器端包含文件和 ASP.NET 这三项设置为允许，如图 14-8 所示。

提示：ASP.NET 的版本有 1.1 和 2.0，这和是否安装了微软的.Net Framework 的版本相关。

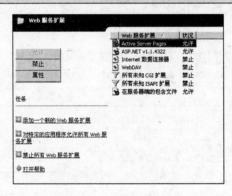

图 14-8　Web 服务扩展

(2)　Web 服务扩展设置完后，就可以建立新的站点。

右击【网站】，从弹出的快捷菜单中选择【新建】|【网站】命令，打开网站创建向导，如图 14-9 所示。

图 14-9　信息服务管理器

这里以"中南海在线"为例，写入网站的描述"中南海在线"，如图 14-10 所示。

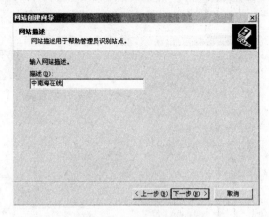

图 14-10　网站创建向导

单击【下一步】进入 IP 地址和端口设置对话框，这里 IP 地址可以从下拉列表框中指定，也可以使用全部未分配，端口默认的是 80，如果有特殊需要的 Web 服务器使用特殊端口，在这里更改新的端口即可，网站的主机头可以为空，如图 14-11 所示。

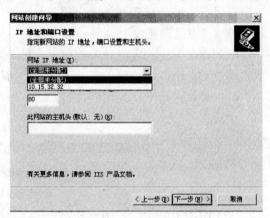

图 14-11　IP 地址和端口设置

单击【下一步】按钮进入设置网站目录对话框，指定网站的物理路径。

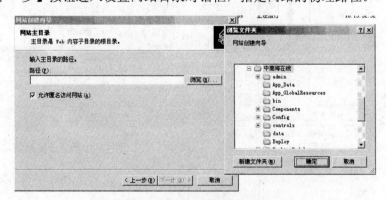

图 14-12　设置网站的物理路径

单击【下一步】按钮进入设置网站访问权限对话框，如图 14-13 所示。权限设置也可以后期再设置，因为可以根据网站所提供的服务内容，进行相关的权限设置。

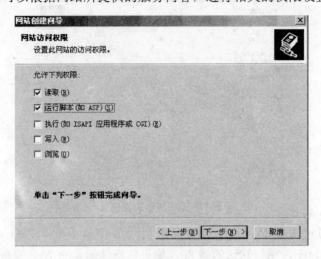

图 14-13　设置网站访问权限

(3)　设置完网站的访问权限后，整个新建网站的步骤就结束了。此时，可以看到左列的【网站】中多了一个新的网站"中南海在线"。

单击"中南海在线"，右列就会列出物理路径中的所有文件夹和文件。如果右击"中南海在线"，就会弹出网站属性对话框，在该框的各个选项卡中可以更详细地对网站进行配置和调整，如启用日志记录、设置访问权限、更改默认内容文档、网站属性等，如图 14-14～图 14-17 所示。

图 14-14　启用日志记录

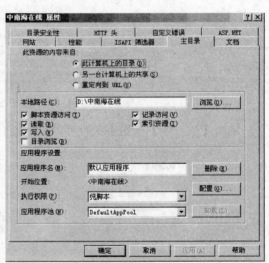

图 14-15　更改网站访问权限

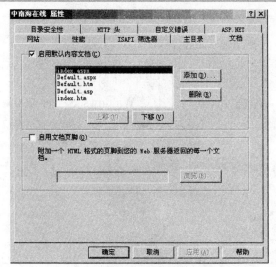 

图 14-16　更改网站默认文档　　　　　　图 14-17　设置网站 ASP.NET 版本

注意： 如果网站使用的是 ASP.NET 架构，则必须弄清楚所需要的 ASP.NET 的版本，并且网站的属性中开启相应版本的 ASP.NET 服务。如果建立的网站是需要读写数据库结构的话，必须将网站的整个目录及文件在 Windows Server 2003 的资源管理器中设置 Everyone 为可读写权限，如图 14-18 所示。

图 14-18　资源管理器设置安全属性

(4) 经过以上的设置，一个本机的 Web 站点就已经建立完成，可以用本机的 IP 地址进行测试访问，如果访问正常，说明 Web 站点建立成功。

14.1.3　利用 NET 技术发布内网 Web 到外网

大部分企业都有自己的 Internet 公网访问专线，这样 ISP 供应商就会分配给企业一部分公网 IP，这些公网 IP 就是要发布的 Web 真实地址，而内网的地址就可以采用 NAT 技术映射到公网 IP 上。

如上面刚刚建立好的"中南海在线"Web 站点，内网的 IP 为 10.15.32.32，而公网的 IP可以使用 238.257.131.36，这样就可以在防火墙上使用静态 NAT 映射，将内网地址10.15.32.32 映射到公网地址 238.257.131.36 上，具体操作因为并不是 Windows Server 2003的内容，而是第三方软硬件的设置，就不具体赘述了，如果有兴趣的话，可以翻阅相关防火墙 NAT 方面的其他书籍，如图 14-19 所示。

图 14-19 防火墙的 NAT 设置

当公网 IP 成功映射后，其实这个时候就可以使用 IP 进行外网访问了，但企业网站不能用 IP 进行访问，一定要用域名，那么可以进入注册过的网站的域名管理机构，将需要的域名指向这个映射好的公网 IP，生效后，此网站就正式对外发布了，互联网上的任何人都能通过域名来访问。

提示：将企业的服务器发布到互联网上，带有一定的安全风险，需要建立完善的安全机制。

14.2 管理应用案例 2——如何建立系统补丁服务器

随着信息化的发展，企业的信息化应用越来越多，服务器当然也是越来越多，现在企业大部分的服务器安装的还是 Windows Server 2003 的操作系统，一是服务器类的操作系统Windows Server 2008 刚刚发布，并没有经过长期的实际使用，二是很多信息化的应用软件还没有在 Windows Server 2008 上测试过，兼容性值得商榷，所以，Windows Server 2003 现在还占有很大的市场份额。

日常工作中，企业的网络管理人员都会注意服务器操作系统的补丁升级，都会定期进行升级检查，Windows Server 2003 中自带 Windows Update，可以定制升级策略，进行互联网自动升级，但企业的客户机呢？如果一个企业的客户机有几百台，而且不一定都能上互联网。那么这些客户机如何升级操作系统的补丁？如果不及时安装操作系统的补丁，会带来什么后果？冲击波、震荡波的厉害之处，大家都领教过了。因此及时更新操作系统的漏洞补丁，目前已成为提高系统安全性的主要手段。

Windows 自带的 Update 一是速度较慢、二是必须连入互联网。如果企业内网中的员工计算机不能上网，又该如何进行升级呢？这时使用默认的 Windows Update 就无法实现了。

我们可以利用微软提供的 WSUS(Windows Server Update Services)建立一个内部 Update 服务器，让企业内网中的计算机直接到这台 Update 服务器上下载补丁，以缩短用户进行升级的时间，及时提高计算机和网络的安全性。没有连接 Internet 的计算机只要在内网中能顺利访问 Update 服务器，也可实现随时升级，相当于把微软的补丁服务器放在了企业内网中，这就能很好地解决所有客户机及服务器的系统补丁问题，企业的安全性自然就会提高。

14.2.1　了解 WSUS

WSUS(Windows Server Update Services)是微软公司继 SUS(Software Update Service)之后推出的替代 SUS 的产品，目前版本为 3.0。使用过 SUS 的网管都知道，虽然可用它建立自动更新服务器，不过配置很麻烦，更新补丁的产品种类也较少，同时在实际使用中经常会因为网络带宽拥堵而造成客户机升级失败。WSUS 具有以下特性。

- 支持对更多微软产品进行更新，除了 Windows 外，Office、Exchange、SQL 等产品的补丁和更新包都可通过 WSUS 发布，而 SUS 只支持 Windows 系统。
- 提供了中文操作界面，以前的 SUS 操作界面为英文，不便于操作。
- 比 SUS 更好地利用了网络带宽。
- 对客户机的管理更强大，可针对不同客户机分配不同的用户组，并分配不同的下载规则。
- 在设置和管理上比 SUS 更简单直观。

硬件要求：如果网络中要升级的客户端计算机少于 500 台，那么架设 WSUS 服务器的硬件至少得是 750MHz 主频的处理器以及 512MB 内存，当然还需要充足的硬盘空间来保存更新程序的安装文件。

14.2.2　正式部署 WSUS

部署 WSUS 之前，要去微软的网站下载到 WSUS 的应用程序，并要满足 WSUS 安装环境要求。安装 WSUS 的环境要求如下。

- 安装 Windows Server 2003 Service Pack 1 及以上版本系统。
- 安装 SQL Server 2005 SP1、SQL Server 2005 Express SP1 或 Windows Internal Database 及以上版本软件。
- 安装 Microsoft .NET Framework 2.0 及以上版本软件。
- 安装 Internet 信息服务 (IIS) 6.0 及以上版本软件。
- 安装后台智能传送服务 (BITS) 2.0 及以上版本软件。

(1)　安装 WSUS。

运行 WSUS 安装文件，打开 WSUS 安装向导，如图 14-20 所示。

单击【下一步】按钮，提示管理员选择安装模式，如图 14-21 所示。

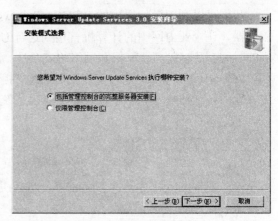

图 14-20　安装 WSUS　　　　　　　　　　　　图 14-21　安装 WSUS

注意：如果安装的过程中，出现如图 14-22 所示的提示，那就说明服务器上的软件环境未能达到安装 WSUS 要求，要按提示安装所需的软件。

图 14-22　WSUS 安装要求

　　单击【下一步】按钮，进入数据库设置对话框。选择安装 Windows Internal Database，并且在安装过程中使用默认的 IIS 网站

　　单击【下一步】按钮，进入选择更新源对话框，单击【浏览】按钮后指定更新的源。

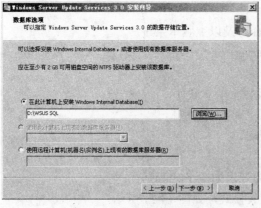

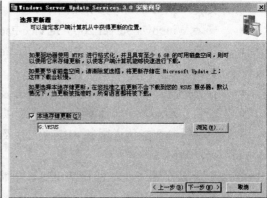

图 14-23　指定更新位置　　　　　　　　　　　图 14-24　指定安装数据库

　　按提示安装完成后，会出现 Windows Server Update Services 配置向导，如图 14-25 所示。

单击【下一步】按钮，设置 WSUS 的上游服务器，如图 14-26 所示。

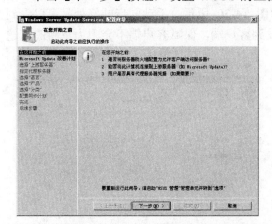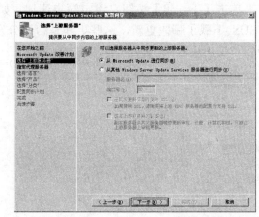

图 14-25　WSUS 配置向导　　　　　　　　图 14-26　WSUS 配置向导

单击【下一步】按钮，代理服务器按默认设置，再单击【下一步】按钮，选择语言更新，如图 14-27 所示。

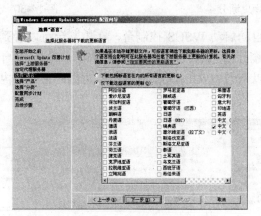

图 14-27　选择语言

单击【下一步】按钮，设置产品更新选项，如图 14-28 所示。

图 14-28　选择更新的产品

单击【下一步】按钮，选择更新的分类，如图 14-29 所示。

单击【下一步】按钮，设定同步计划，如图 14-30 所示。手动同步的好处是可以看到 WSUS 下载了哪些更新，这些更新是否要分发到客户端，保障客户端不会因为更新的问题导致系统出现故障。

图 14-29　选择更新分类

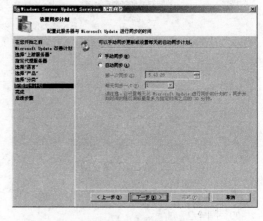

图 14-30　选择同步计划

配置完成后，就会自动启动 WSUS 控制台，在控制台可以看到系统更新的下载状态、同步状态、更新状态、统计信息、代办事项等。这样，一台具有自动更新的服务器就组建完成了，这台服务器可以充当微软的 Update 服务器角色，为企业内部的客户端机系统自动更新，如图 14-31 所示。

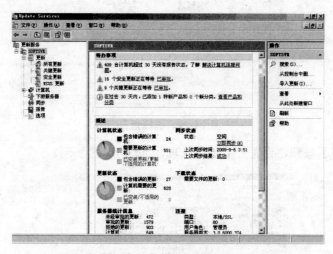

图 14-31　WSUS 控制台

(2) 配置客户端更新。

当 WSUS 服务器组建完成后，客户端必须指定 WSUS 服务器才能进行系统自动更新，如何配置客户端呢，这就需要运行客户端的组策略编辑器了。

选择【开始】|【运行】命令，在打开对话框的文本框中输入 gpedit.msc，如图 14-32 所示。

单击【确定】按钮后打开【组策略编辑器】窗口，如图 14-33 所示。在这里可以看到【计算机配置】的【管理模板】的各个项目，在【管理模板】中找到【计算机组件】，在【计

算机组件】中找到 Windows Update 选项。

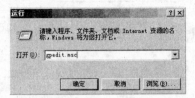

图 14-32　输入 gpedit.msc 命令

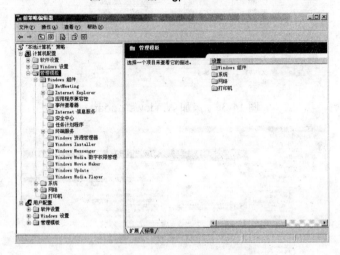

图 14-33　【组策略编辑器】窗口

> 提示：如果找不到 Windows Update 选项，就需要手动安装，步骤如下：①右击【管理模板】，
> 从弹出的快捷菜单中选择【添加/删除模板】命令，打开【添加/删除模板】对话框，
> 如图 14-34 所示。②在【添加/删除模板】对话框中单击【添加】按钮打开【策略模
> 版】对话框，如图 14-35 所示。③在对话框中选择 wuau.adm 文件，确认后，就会出
> 现 Windows Update 选项，在选择 Windows Update 选项后，界面右列出现配置选项，
> 如图 14-36 所示。

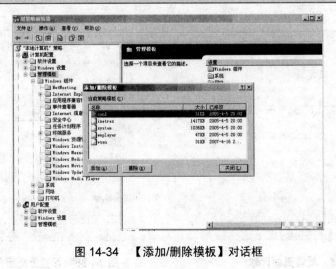

图 14-34　【添加/删除模板】对话框

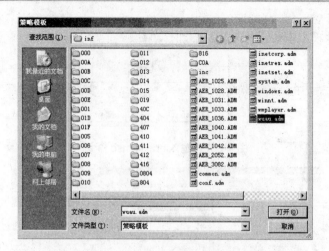

图 14-35　添加 Windows Update

图 14-36　自动更新管理模板

选择【配置自动更新】，单击【属性】链接打开【配置自动更新 属性】对话框，设置如图 14-37 所示。

选择【指定 Intranet Microsoft 更新服务位置 属性】，单击【属性】链接打开其属性对话框，设置如图 14-38 所示。

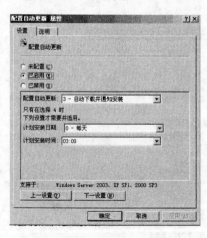

图 14-37　配置更新计划

图 14-38　配置更新服务位置

全部配置完毕后，客户端即可自动从 WSUS 服务器上进行系统补丁的更新，从 WSUS 服务器上还可以监测到更新的客户端计算机的补丁更新情况。

14.3　管理应用案例 3——Web 服务器的安全管理

当企业将自己的内部服务器架设成为对外发布的 Web 服务器时，安全问题就随之而来，如果安全级别不够高，那么很容易被黑客或者病毒攻击，轻则服务器当机、瘫痪，重则成为黑客的肉鸡，被黑客利用攻击企业内部网络，获取企业内部其他服务器的资料，泄露企业业机密。

因此，服务器的安全非常重要，除了企业内部网络必须部署的安全设备外，如防火墙、入侵检测、病毒墙等，服务器的操作系统层面也必须部署一些必要的安全措施。下面就 Windows Server 2003 系统来说明一些必备的安全策略，经过这些部署能提高服务器本身的安全级别。

14.3.1　部署服务器的防病毒安全

服务器为了防止病毒的侵入，必须部署必要的防病毒软件，推荐诺顿、McAfee 等级别的服务器网络版的防病毒软件，如果企业没有资金采购这类级别的防病毒软件，也可以采用单机版的服务器级别的国产防病毒软件，如"瑞星"服务器版的防病毒软件等。

当部署防病毒软件时，要考虑防病毒软件对服务器所提供的服务是否有副作用，有的防病毒软件运行时，对某些服务是有影响的，一定要先安装试用版，经过测试后，对服务器本身的服务没有影响后，才能决定正式部署。而且一定要注意，不要在服务器上安装多款不同的防病毒软件，否则会出现互相干扰，造成操作系统本身的不稳定。

当决定安装一款防病毒软件后，要熟悉此款防病毒软件的使用，有些防病毒软件安装后，会自动关闭某些端口服务，有可能造成某些服务不能正常使用，例如 McAfee 8.0 以上版本防病毒客户端软件，安装后会自动阻止某些服务，这时如果此台服务器需要这个服务，记得将它打开，如图 14-39 和图 14-40 所示。

图 14-39　端口访问保护

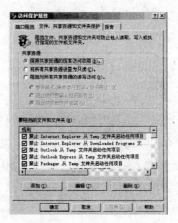

图 14-40　资源访问保护

McAfee 客户端安装后，会自动打开访问保护，在端口阻挡页面中，会自动封闭邮件的 25 端口，有些 Web 服务器如果同时提供邮件的服务时，需要用到 25 端口时，就会出现无使用的情况，这时，记得应在这里将此功能打开。

在文件、共享资源和文件夹保护页面，也会自动打开【保持共享资源的现有访问权限】选项，如果用户觉得还不够安全的话，可以选中最下边的【阻挡对所有共享资源的读写访问】，这样所有的共享式访问都将会关闭，将会给服务器一个相对安全的环境。

14.3.2 部署服务器本身的防火墙

服务器除了可以安装第三方的防病毒软件外，还可以很好地利用系统自带的防火墙功能来保护服务器，Windows Server 2003 自带微软的系统防火墙，功能虽然简单，但却是很有效。

在【控制面板】中单击【Windows 防火墙】图标，可以打开系统自带防火墙，如图 14-41 所示。

选中【常规】选项卡中【启用】单选按钮后，防火墙就开始生效，防火墙初始时基本上没有什么开放的程序和端口，在【例外】选项卡中没有什么程序和端口，而且也没有勾选任何选项，这个时候基本上是最安全的，因为它将所有的程序和端口都关闭了，如图 14-42 所示。

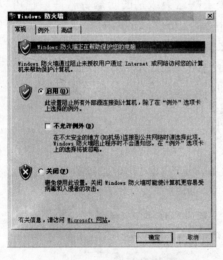

图 14-41 【常规】选项卡

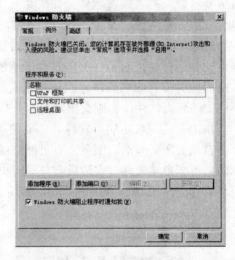

图 14-42 【例外】选项卡

但这样对于 Web 服务器却不行，因为服务器提供的服务需要用到不同的程序或者端口，如提供 Web 服务就要用到 80 端口，提供 FTP 服务就要用到 21 端口，提供邮件服务就要用到 25 端口等，以提供 Web 服务为例：就需要在例外标签中添加一个新的端口，单击【添加端口】按钮，填入名称 Web，端口号 80，协议选择 TCP，确定即可，如图 14-43 所示。

经过这样的例外添加后，系统防火墙只允许例外列表中选中的端口和程序可以通过，其他一律阻止，可以有效地防止黑客用一些特殊的端口进行攻击或者种植木马等后门程序。

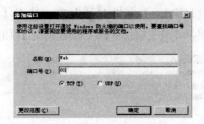

图 14-43　添加例外端口

14.3.3　部署服务器的端口

在配置了系统防火墙的基础上，还可以用系统本身的功能，更进一步地加强系统的安全性，这就要用到 Windows Server 2003 的 TCP/IP 筛选功能了。这个功能主要是控制服务器的入口的端口，配置好了，基本上可以杜绝黑客的侵袭。

TCP/IP 筛选功能在网络配置中，在【控制面板】中双击【网络连接】图标，打开【网络连接】窗口，在【本地连接】上右击，在弹出的快捷菜单中选择【属性】命令，如图 14-44所示。

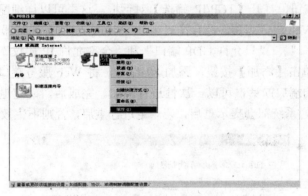

图 14-44　网络连接属性

在【本地连接属性】对话框中，选择【Internet 协议(TCP/IP)】，然后单击【属性】按钮，如图 14-45 所示。

图 14-45　网卡连接属性

在打开的【Internet 协议(TCP/IP)】属性对话框中，单击【高级】按钮，进入高级对话框，然后切换到【选项】选项卡，可以看到【TCP/IP 筛选】功能，如图 14-46 所示。

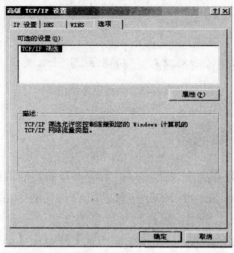

图 14-46　【高级 TCP/IP 设置】对话框

单击【属性】按钮，打开【TCP/IP 筛选】对话框，这里可以详细配置需要开发的端口和协议，以仅开放 Web 服务为例，选择【启用 TCP/IP 筛选(所有适配器)】复选框，分别选中"只允许 TCP 端口"、"只允许 UDP 端口"和"全部允许 IP 协议"选项。在"只允许 TCP 端口"选项中单击【添加】按钮，添加 80 端口，将 Web 服务端口添加完毕。当然如果还需要其他服务的端口的话，可以一次性进行添加。完成后，确定退出。这里注意，每次更改 TCP/IP 筛选，系统都会提示重启，请一定进行重启，否则不生效，如图 14-47 所示。

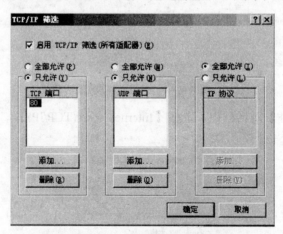

图 14-47　【TCP/IP 筛选】配置对话框

至此，TCP/IP 筛选配置完成，经过这三道安全的保护，服务器的安全级别就能得到最大的提高。如果能够再借助物理网络设备的安全保护，及时更新系统的漏洞补丁，并借助国际先进的第三方监测软件来一起保护的话，就非常完美了，因为投资巨大，这并不是每个企业都能做到的，也不是本书所涉及的内容。

参 考 文 献

1. 孙钟秀，费翔林，骆斌. 操作系统教程第 4 版. 北京：高等教育出版社，2008

2. 李学军，罗靖，孙陆青等. Windows 2000 Server 操作系统教程(高职高专). 北京：海洋出版社，2004

3. 商宏图，丛日权，解宇杰等. Windows Server 2003 应用技术. 北京：机械工业出版社，2007

4. 刘永华. Windows Server 2003 网络操作系统. 北京：清华大学出版社，2007

5. 万振凯，韩清，苏华. 网络操作系统——Windows Server 2003 管理与应用第 1 版. 北京：清华大学出版社、北京交通大学出版社，2008

读者回执卡

欢迎您立即填妥回函

您好！感谢您购买本书，请您抽出宝贵的时间填写这份回执卡，并将此页剪下寄回我公司读者服务部。我们会在以后的工作中充分考虑您的意见和建议，并将您的信息加入公司的客户档案中，以便向您提供全程的一体化服务。您享有的权益：

★ 免费获得我公司的新书资料；　　　　　　★ 免费参加我公司组织的技术交流会及讲座；
★ 寻求解答阅读中遇到的问题；　　　　　　★ 可参加不定期的促销活动，免费获取赠品；

读者基本资料

姓　　名 _____	性　别 □男　　□女	年　　龄 _____
电　　话 _____	职　业 _____	文化程度 _____
E-mail _____	邮　编 _____	
通讯地址 _____		

请在您认可处打 ✓ （6 至 10 题可多选）

1、您购买的图书名称是什么：_____
2、您在何处购买的此书：_____
3、您对电脑的掌握程度：　□不懂　　　　□基本掌握　　　□熟练应用　　　□精通某一领域
4、您学习此书的主要目的是：□工作需要　　□个人爱好　　　□获得证书
5、您希望通过学习达到何种程度：□基本掌握　　□熟练应用　　　□专业水平
6、您想学习的其他电脑知识有：□电脑入门　　□操作系统　　　□办公软件　　　□多媒体设计
　　　　　　　　　　　　　　□编程知识　　□图像设计　　　□网页设计　　　□互联网知识
7、影响您购买图书的因素：　□书名　　　　□作者　　　　　□出版机构　　　□印刷、装帧质量
　　　　　　　　　　　　　　□内容简介　　□网络宣传　　　□图书定价　　　□书店宣传
　　　　　　　　　　　　　　□封面，插图及版式　□知名作家（学者）的推荐或书评　□其他
8、您比较喜欢哪些形式的学习方式：□看图书　　□上网学习　　　□用教学光盘　　□参加培训班
9、您可以接受的图书的价格是：□ 20 元以内　□ 30 元以内　　□ 50 元以内　　□ 100 元以内
10、您从何处获知本公司产品信息：□报纸、杂志　□广播、电视　　□同事或朋友推荐　□网站
11、您对本书的满意度：　□很满意　　　□较满意　　　　□一般　　　　　□不满意
12、您对我们的建议：_____

请剪下本页填写清楚，放入信封寄回，谢谢！

1 0 0 0 8 4	贴　邮
	票　处

北京100084—157信箱

读者服务部　　　　　　　　收

邮政编码：□□□□□□

技术支持与资源下载：http://www.tup.com.cn　http://www.wenyuan.com.cn

读 者 服 务 邮 箱：service@wenyuan.com.cn

邮 购 电 话：(010)62791865　(010)62791863　(010)62792097-220

组 稿 编 辑：黄 飞

投 稿 电 话：(010)62788562-314

投 稿 邮 箱：tupress03@163.com